U0332438

科研生产安全管理

侯建国 ◎ 著

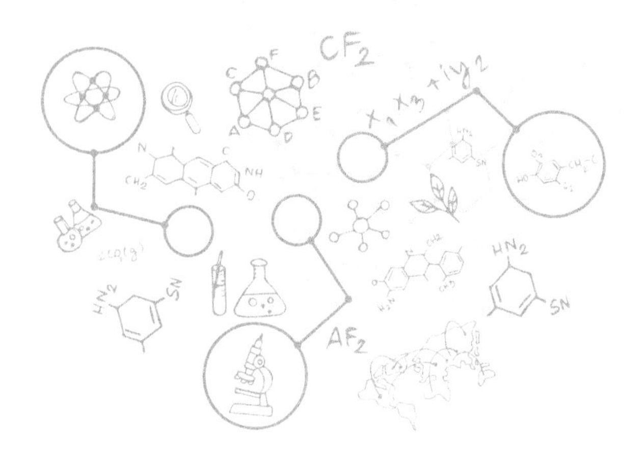

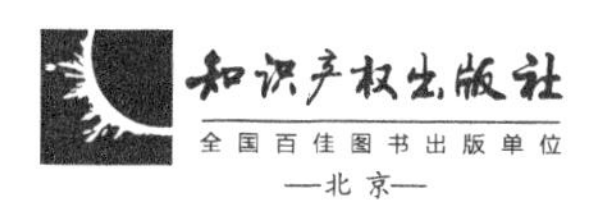

知识产权出版社
全国百佳图书出版单位
—北京—

图书在版编目（CIP）数据

科研生产安全管理/侯建国著. —北京：知识产权出版社，2021.10
ISBN 978-7-5130-7742-2

Ⅰ.①科… Ⅱ.①侯… Ⅲ.①安全生产 Ⅳ.①X93

中国版本图书馆 CIP 数据核字（2021）第 191810 号

责任编辑：高　超　　**责任校对**：谷　洋
封面设计：臧　磊　　**责任印制**：孙婷婷

科研生产安全管理

侯建国　著

出版发行：	知识产权出版社有限责任公司	**网　　址**：	http://www.ipph.cn
社　　址：	北京市海淀区气象路 50 号院	**邮　　编**：	100081
责编电话：	010-82000860 转 8383	**责编邮箱**：	morninghere@126.com
发行电话：	010-82000860 转 8101/8102	**发行传真**：	010-82000893/82005070/82000270
印　　刷：	北京九州迅驰传媒文化有限公司	**经　　销**：	各大网上书店、新华书店及相关专业书店
开　　本：	720mm×1000mm　1/16	**印　　张**：	15.75
版　　次：	2021 年 10 月第 1 版	**印　　次**：	2021 年 10 月第 1 次印刷
字　　数：	250 千字	**定　　价**：	88.00 元

ISBN 978-7-5130-7742-2

序 言

党的十八大以来，习近平总书记、李克强总理作出了一系列重要指示、批示，深刻阐述了安全生产的重要意义、思想理念、方针政策和工作要求，强调始终坚持人民利益至上，坚守“发展决不能以牺牲安全为代价”的红线。这条红线是确保人民群众生命财产安全和经济社会发展的保障线，也是各级党委、政府及社会各方面加强安全生产的责任线。党的十九大对安全生产又提出了具体要求，树立安全发展理念，弘扬生命至上、安全第一的思想，健全公共安全体系，完善安全生产责任制，坚决遏制重特大安全事故，提升防灾、减灾、救灾能力。

生命和健康安全是人的最基本、最根本的利益和人权。随着生产的不断发展，基于劳动者自我保护本能、经营者利他利己的动机、生产安全与社会和国家安全、利益的关系越来越密切，生产安全日益成为劳动者、经营者和各国政府及相关组织关注的问题。随着社会的进步、安全生产水平的提高和人的安全需求的发展，安全的概念和内涵正在从生产安全向更广和更深的方向延伸发展。随着科技的进步、经济的发展，安全是已经从行为层面发展到精神层面的需求，“大安全”的文化理念已经逐步形成。当下和未来的新时代，给科研生产安全提出了新要求、新需要，安全管理提质增效面临挑战与机遇。与时俱进，有效和高效地持续做好科研生产安全管理，是各级科研生产组织及各级安全管理人员的应谋之“政”，应尽之责。

本书作者在科研生产组织从事安全管理工作30年，并且具有对多种行业、类型和层级的科研生产组织的安全管理体系审核的知识和经验。全书通过总结安全管理主要理论发展脉络，从安全风险管理、安全风险与管控措施、安全系统需求、安全工作信息化四个维度，梳理科研生产活动的安全风险防控运行机制与其中的有机联系，解构科研生产活动中的“安全投入、安全责任、安全法制、安全科技、安全文化”五大核心要素及其实施。并且阐述了安全应急管理与事故管理要务，收集分析了几个重大安全责任事故案例，总结分析了科研生产活动中易发的安全问题、要因与事件事故处理方法；详细介绍了机械设备、电和光学设备、船舶、航空航天行业科研生产组织中的安全风险与管控措施；提出了科研生产安全工作创新升级的研究、思考与展望。

前言

在全球化、“互联网+”、知识经济时代，科研生产组织不再是一个封闭的系统，科研组织的环境越来越复杂。基于科研生产组织内外部环境的变化及生产组织成长的挑战，生产组织面临新的、不断变化的风险与挑战，需要用新的方式思考和调整科研生产组织的安全管理，需要用新的思维认识和构建（完善、改进、改革）科研生产安全风险防控机制及体系，以适应内外部环境变化并提升长期适应能力，持续实现良好的科研生产安全风险管控，保障和促进组织的成功和科学、持续发展。

科研生产组织要在变化的环境中持续生存和发展，必须具有学习能力、应变能力和适应能力。如何在新形势下结合科研生产组织实际学习和改进、创新安全管理以提升安全风险管控绩效，是所有科研生产组织面对的、需要研究解决的课题。

本书基于全球化、“互联网+”、知识经济时代的特征，面对在巨变、快变的组织环境下由具有多元文化的知识员工所组成的组织（企事业单位）的境况，对管理、安全生产管理理论与实践及其发展进行整理归纳，结合科研生产组织行为学、管理系统工程（安全管理体系）、风险管理（安全风险防控）和组织文化（安全文化）及过程方法等理论与实践，从安全风险管理、安全文化、安全职责和责任、安全风险管控与隐患治理等维度，梳理科研生产活动中安全风险防控运行机制及其中的相关脉络、有机联系，研究探讨个体、群体、组织在职业健康安全风险管控体系建设中的作用和如何发挥好相应作用，解构科研生产活动的“安全投入、安全责任、安全法制、安全科技、安全文化”五大核心要素及其实施，希望有助于科研生产组织和企业与时俱进，更好地理解和实施“以人为本”“安全发展”理念和“安全第一、预防为主、综合治理”的方针，适应时代及其发展要求，实现科研生产安全及组织风险得到持续长久的有效管控。希望本书能为科研生产组织的安全生产管理者、各级安全管理人员及安全员、组织的部门负责人（中层干部）等在新形势下对认知、理解安全管理理论和创新安全管理的思维、方法和实践提供参考。

全书分为七章。第一章从安全风险管理的理论与法治的发展入手，介绍了系统工程、人本管理、事故致因、风险管控、组织行为与安全心理、安全法制建设和安全管理理论体系；第二章介绍安全文化；第三章介绍安全职责和责任，收集分析了几起典型重大责任事故案例；第四章重点在安全风险管控与隐患治理，详细介绍了GB/T 45001—2020《职业健康安全管理体系 要求及使用指南》及GB/T 33000—2016《企业安全生产标准化基本规范》的发展和关系，提出了机械设备、电和光学设备、船舶、航空航天行业的科研生产中安全风险管理与管控措施；第五章描述了应急管理与事故管理，并收集介绍了2019年全国应急救援和生产安全事故的部分典型案例；第六章阐述安全知识管理；第七章介绍了安全生产工作的创新升级。

目　录

CONTENTS

第一章

安全风险管理的理论与法治的发展

一、系统工程

(一) 系统工程 (含过程方法) 的基本定义

1. 定义

系统工程是指从系统观念出发，以最优化方法求得系统整体最优的综合化的组织、管理、技术和方法的总称。钱学森教授在1978年指出，“系统工程”是组织管理“系统”的规划、研究、设计、制造、试验和使用的科学方法，是一种对所有‘系统’都具有普遍意义的科学方法。[1]

2. 步骤和方法

系统工程的步骤和方法因处理对象不同而异。对一般步骤和方法的研究比较有影响的是美国贝尔电话公司系统工程师霍尔 (A. D. Hall) 于1969年提出的三维空间法[2]。

(1) 时间维 (工作阶段)

表示一个具体工程活动从规划到更新阶段按时间顺序安排的七个阶段，

---

[1] 钱学森. 论系统工程 [M]. 长沙：科学技术出版社，1982.

[2] 刘建明. 宣传舆论学大辞典 [M]. 北京：经济日报出版社，1993.

即规划制订阶段，指调研、程序设计等；初步设计阶段，即具体计划阶段；研制阶段，即系统开发阶段；生产阶段；安装阶段；运行阶段；更新阶段。

（2）逻辑维（解决问题的逻辑过程）

指在使用系统工程方法解决问题时，完成上述七个阶段工作的思维程序。包括：明确问题，即搜集本阶段资料，提供目标依据；系统指标设计，即提出目标的评价标准；系统综合，即设计出所有待选方案或对整个系统进行综合；系统分析，即运用模型比较方案，进行说明；实行优化，即从可行方案中选优，进行决策、实施计划。

（3）知识维（专业学科知识）

系统工程除有某些共性知识外，还涉及各种专业知识，这些专业知识称为知识维。

这一方法，在逻辑上把运用系统工程解决问题的整个过程分成问题阐述、目标选择、系统综合、系统分析、最优化、决策和实施计划七个环环紧扣的步骤；在时间上，把系统工程的全部进程分为规划、设计、研制、生产、安装、运行和更新七个依次循进的阶段；在专业知识上，运用系统工程除需要某些共性知识外，还需要使用各科专业知识，如工程、医药、建筑、商业、法律、管理、社会科学和艺术等。与此同时，在系统工程发展中还确立了一系列系统技术方法。主要有模拟技术、最优化技术、评价技术和计算机技术❶。

（二）系统管理及创新的方法

系统科学，包括系统论、控制论、对策论、博弈论等在管理科学中的应用，系统管理的具体形态也叫系统工程，控制论在工程管理中的应用为工程控制论。系统管理是指管理企业的信息技术系统。它包括收集要求、购买设备和软件分发到使用的地方进行配置并使用改善措施和服务更新予以维护、设置问题处理流程，以及判断是否满足目的。系统管理通常由企业的最高信

---

❶ 石磊，崔晓天，王忠．哲学新概念词典［M］．哈尔滨：黑龙江人民出版社，1988.

息主管全权负责。

从时间维度上看，系统管理与一般管理不同，一般管理主要对管理对象的目前状况进行控制，使之与预期目标一致。系统管理则不仅注重当前管理，而且还注重对管理对象过去行为特征的分析和未来发展趋势的预测，它在时间维度上坚持系统的整体观和联系观，强调任何一个系统都是过去、现在和未来的统一，把系统看成时间的函数。

从空间维度上看，系统管理与一般管理不同，一般管理往往只关注某个具体特定的管理对象，而系统管理从整体、联系和开放的观点出发，在关注具体对象控制的同时，还考虑该对象与其他事物的关联性以及对象与环境的相互作用。

系统管理是对管理工作的实质内容进行科学分析总结而形成的基本真理，它是现实管理现象的抽象，是对各项管理制度和管理方法的高度综合与概括。

主要特征：客观性、概括性、稳定性、系统性。

主要包括人本原理、系统原理、权变原理、效益原理。

人本原理：是指各项管理工作活动都应以调动人的积极性、主观能动性和创造性为根本，追求人的全面发展的一项管理原理。

系统原理：就是运用系统理论，对管理活动作系统分析，实施系统化的管理，以达到优化目标的一项管理原理。

权变原理：是指在组织活动环境和条件不断发展变化的前提下，管理应因人、事、时、地而权宜应变，采取与具体情况相适应的管理对策以达成组织目标的一项管理原理。

效益原理：是指组织的各项管理活动都要以实现有效性、追求高效益作为目标的一项管理原理。

系统管理理论是运用系统论、信息论、控制论原理，把管理视为一个系统，以实现管理优化的理论。这种管理理论是20世纪70年代的产物，西方称为最新管理理论。最初表现为“两因素论”，即系统是由人、物两种因素组成的系统。创始人卡斯特和卢森威认为人是管理系统的主体。后来发展为“三因素论”，即管理系统由人、物、环境三种因素构成，要进行全面系统分析，建立开放的管理系统。系统管理理论的核心是用系统方法分析管理系统。

1. 系统管理理论要点

企业是由人、物资、机器和其他资源在一定的目标下组成的一体化系统，它的成长和发展同时受到这些组成要素的影响。在这些要素的相互关系中，人是主体，其他要素则是被动的。

2. 企业内部系统

企业是一个由许多子系统组成的、开放的社会技术系统。企业是社会这个大系统中的一个子系统，它受到周围环境（顾客、竞争者、供货者、政府等）的影响，也同时影响环境。它只有在与环境的相互影响中才能达到动态平衡。在企业内部又包含着若干子系统，它们是：

①目标和准则子系统：包括遵照社会的要求和准则，确定战略目标。

②技术子系统：包括为完成任务必需的机器、工具、程序、方法和专业知识。

③社会心理子系统：包括个人行为和动机、地位和作用关系、组织成员的智力开发、领导方式，以及正式组织系统与非正式组织系统等。

④组织结构子系统：包括对组织及其任务进行合理划分和分配、协调它们的活动，并由组织图表、工作流程设计、职位和职责规定、章程与案例来说明，还涉及权力类型、信息沟通方式等问题。

⑤外界因素子系统：包括各种市场信息、人力与物力资源的获得，以及外界环境的反应与影响等。此外，还有一些子系统，如经营子系统、生产子系统，等。这些子系统还可以进一步分为更小的子系统。

运用系统观点来考察管理的基本职能，可以提高组织的整体效率，使管理人员不至于只重视某些与自己有关的特殊职能而忽视了大目标，也不至于忽视自己在组织中的地位与作用。

系统管理理论的最大长处，就是运用系统论的观点和方法，尤其是整体论思想，分析组织问题和管理行为。它以全局观点突破了片面性思维，以开放观点突破了封闭性研究，以“关系说”替代了“要素说”。在这样一种思路下，系统管理理论既注重组织内部的协调，也注重组织外部的联系，把企业内外作为一个相互联系的动态过程和有机整体；既关注组织结构，也关注管理的过程；既强调组织目标，又强调人的因素。在一定程度上，这种思维在现代管理思想的演变中具有整合性的意义。

（三）安全管理系统工程

1. 美国国防部系统安全实践标准

讨论系统工程在安全管理上的应用，就必须提到美国国防部系统安全实践标准。1963 年美国空军制订了 MIL-S-38310 标准[1]。后来，此标准被美国国防部采用，作为正式的军用安全标准，并经多次修改，于 2012 年 5 月，最后修改成 MIL-STD-882E《国防部系统安全实践标准》，被推荐在美国国防部的所有部门和机构内使用。该系统安全标准是系统工程的关键要素，提供一种标准的、通用的方法来识别、分类和消除风险。

国防部要保护个人和公众免于事故死亡、受伤或者职业病；还要保护武器系统、设备、材料、核设施免于事故破坏和损坏，以及执行国家防卫工作任务时的公众财产安全。在上述任务要求范围内，通过实施环境和职业健康安全工作来确保环境得到最大限度的保护。使用系统安全方法来管理相关的事故风险，为国防部体系、子系统、设备、设施和它们的接口及操作设计提供技术发展的风险管理，以实现零事故的目标。

（1）主要定义

该实践标准中提供了 49 个定义，此处摘选以下几个定义来阐述系统、安全、管理、工程之间的相关关系。

①系统：由硬件、软件、物质、设施、人、资料和操作过程组成的，具有满足特定需要或实现某种特定目标的有机整体。

②系统安全：在系统生命周期的所有阶段，以运行效率、时间和成本为约束条件，应用工程和管理的原理、原则和技术，使系统可承受一定的风险。

③系统工程：一个项目团队的总体进程，适用于从上述能力的有效运作

---

[1] 石磊，崔晓天，王忠．哲学新概念词典［M］．哈尔滨：黑龙江人民出版社，1988.

和适当的系统的过渡。系统工程包括通过获取系统工程全生命周期的工艺流程，它的目的是要平衡解决方案、考虑设计因素和制约因素的整合，解决能力需求。系统工程还涉及技术、预算和进度的限制。系统工程早期应用于材料解决方案的分析和持续整个生命周期。

④系统安全工程：应用具体的专业知识和技能并应用科学和工程的原理、原则和技术，来识别和消除危险，以降低相应风险。

⑤系统安全管理：识别危险所采取的计划和行动；评估和减轻相关的风险，跟踪、控制、接受和记录系统、子系统在设备和基础设施的设计、开发、测试、使用和处置过程中遇到的风险。

系统安全管理的过程包含八个要素，如图 1-1 所示。该图描述了全过程的典型逻辑顺序，同时各个步骤之间可以迭代。

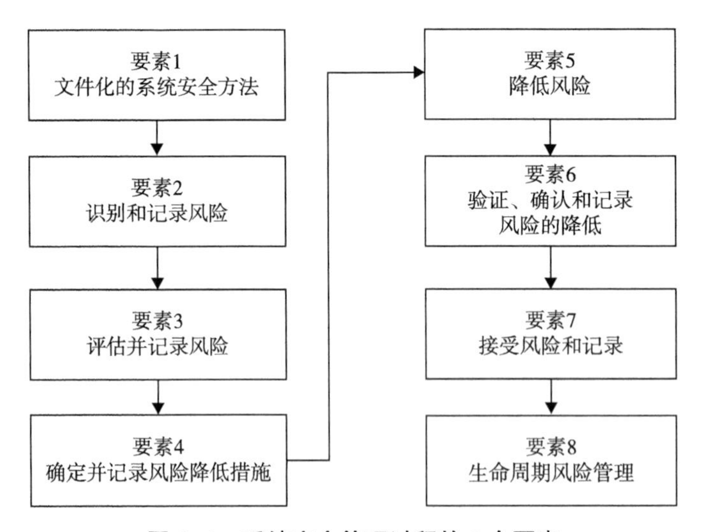

图 1-1 系统安全管理过程的 8 个要素

（2）系列任务

该实践标准中确定了四个系列的任务，可以选择性地应用，以适应量身定制的系统安全工作。如 100 系列任务适用于管理；200 系列任务适用于分析；300 系列任务适用于评估；400 系列任务适用于验证。具体任务应用矩阵见表 1-1。表 1-1 还提供了一个可选的任务和适用的计划阶段。一旦确定了任务应用程序，为了完成每项任务所需的时间和精力应该建立任务优先级

“粗略估计”。这些信息对在限制的进度和资金之内选择可以完成的任务将是非常有价值的。

表 1-1　系统安全工作任务应用矩阵

任务	标题	任务类型	项目列表				
			MSA	TD	EMD	P&D	O&S
100	管理						
101	危险源辨识和缓解措施，使用该系统的安全方法	MGT	G	G	G	G	G
102	系统安全方案计划	MGT	G	G	G	G	G
103	危害管理计划	MGT	G	G	G	G	G
104	政府支持的评论/审计	MGT	G	G	G	G	G
105	集成产品开发团队/工作组支持	MGT	G	G	G	G	G
106	危险追踪系统	MGT	S	G	G	G	G
107	危害进度管理的报告	MGT	G	G	G	G	G
108	有害物质管理计划	MGT	S	G	G	G	G
200	分析						
201	预先危险性列表	ENG	G	S	S	GC	GC
202	预先危险性分析	ENG	S	G	S	GC	GC
203	系统要求危害分析	ENG	G	G	G	GC	GC
204	子系统危害分析	ENG	N/A	G	G	GC	GC
205	系统危害分析	ENG	N/A	G	G	GC	GC
206	工作和支持危害分析	ENG	S	G	G	G	S
207	健康危害分析	ENG	S	G	G	GC	GC
208	功能性危害分析	ENG	S	G	G	GC	GC
209	系统的危害分析	ENG	N/A	G	G	GC	GC
210	环境危害分析	ENG	S	G	G	G	GC
300	评估						
301	安全评估报告	ENG	S	G	G	G	S
302	灾害危险管理评估报告	ENG	S	G	G	G	S
303	测试和评估参与	ENG	G	G	G	G	S

续表

任务	标题	任务类型	项目列表				
			MSA	TD	EMD	P&D	O&S
304	审查工程变更建议、更改通知、缺陷报告、硬伤和偏差/豁免的请求	ENG	N/A	S	G	G	G
400	验证						
401	安全验证	ENG	N/A	S	G	G	S
402	爆炸品危险性分类数据	ENG	N/A	S	G	G	GC
403	爆炸品处置数据	ENG	N/A	S	G	G	S

注：ENG：工程；MGT：管理；MSA：物质解决方案分析；TD：技术发展；EMD：工程与制造发展；P&D：生产和部署；O&S：运营和支持；G：普遍适用的；S：选择性地适用；GC：一般适用于设计变更；N/A：不适用。

美国《国防部系统安全实践标准》明确了在面对防御系统开发、测试、生产、使用和处理等环节的风险识别和评估、风险消除所采用的方法，以加强对其他功能学科在系统工程中的集成，最终提高风险管理实践能力。

2. 安全系统工程

狭义的安全系统工程，主要关注的对象是经济系统安全，尤其是经济系统中的生产安全。一般的安全系统工程教科书多使用狭义安全系统工程概念。基于综合集成法的安全系统工程基本架构，广义的安全系统工程，则属于社会系统工程（Social System Engineering，SSE）范畴，涉及任何社会主体关于"安全与发展"（Security and Development，S&D）的双层目标架构，涵盖任何社会主体的所有的安全领域，诸如经济安全（物质文明）、文化安全（精神文明）、政治安全（政治文明，包括军事）、环境安全（生态文明）、人本安全（人本文明）等。

（1）狭义的安全系统工程概念

安全系统工程（System Safety）是运用系统论的观点和方法，结合工程学原理及有关专业知识来研究生产安全管理和工程的新学科，是系统工程学的一个分支。其研究内容主要有危险的识别、分析与事故预测；消除、控制导致事故的危险；分析构成安全系统各单元间的关系和相互影响，协调各单元之间的关系，取得系统安全的最佳设计；等等。目的是使生产条件安全化，使事故减少到可接受的水平。

（2）广义的安全系统工程概念

建立科学、高效的现代化社会安全体制，切实保障人类社会经济系统、文化系统、政治系统的安全运行，有效维护社会成员的人身安全以及经济利益、文化利益、政治利益，是人类社会系统所面临的重大整体性问题，是任何国家/地区的政府所肩负的重大责任和十分艰巨的历史使命。在全球化时代，为了完成这一使命，从根本上扭转日益复杂的安全局势，我们必须与时俱进，进行大规模创新，以实现解决人类安全问题的整体突破。

二、人本管理

（一）人本管理理论的起源和发展

1. 人本管理概念

以人为本的管理，简称人本管理。人本管理思想产生于20世纪30年代的西方，真正将其有效运用于企业管理，是在20世纪六七十年代。可以说人本管理思想是现代企业管理思想、管理理念的革命。我国企业界已开始接受这一先进理念，并将其运用于管理实践。

人本管理思想是把员工作为企业最重要的资源，依据员工的能力、特长、兴趣、心理状况等综合性情况来科学地安排最合适的工作，并在工作中充分地考虑员工的成长和价值，使用科学的管理方法，通过全面的人力资源开发计划和企业文化建设，使员工能够在工作中充分地调动和发挥工作积极性、主动性和创造性，从而提高工作效率、增加工作业绩，为达成企业发展目标作出最大的贡献。

2. 人本管理理论模式

人本管理的理论模式是：主客体目标协调—激励—权变领导—管理即培训—塑造环境—文化整合—生活质量管理法—完成社会角色体系。

(1) 主客体目标协调

作为管理主客体的人具有其生物存在和社会、人际关系的相关性，只要企业人的目标趋于一致，即管理主客体目标协调，必然能在确保不损害各自利益的前提下，开展分工和协作，使人本管理在实施管理和领受管理的双方之间达成共识，于是就开始了人本管理。

(2) 激励

企业人为实施管理、领受管理、完成人本管理目标，而制订的激发企业人工作动机、努力程度并保障管理实效的各项措施。

(3) 权变领导

企业管理者以影响管理的各种因素为依据，抓住以人为本的前提，实行有利于组织的领导。

(4) 管理即培训

人本管理的过程，重要的是培训员工，教会他们履行企业人的职能和义务，传授他们作为社会角色进行活动所必需的专长、技能。更重要的是，通过管理培训，使员工把完成自己担当的企业人和社会角色任务，看作自己的理想和追求。

(5) 塑造环境

在企业和社会范围内塑造有助于人的主动性、积极性、创造性的充分发挥和人的自由全面发展的环境氛围，以建立企业人的劳动绩效与获得相称的生活资料、物质和精神奖励相联系的有效机制，使个人感受到自己的劳动为企业和社会所承认。

(6) 文化整合

企业文化对企业人的心理、需要和个人行为方式的形成和发展，起着引导、规范、激励等制约和影响作用。人本管理正是要利用文化整合功能，培育和塑造企业人的文化特质，使其受到有利于个人发展和企业目标实现的积极的文化熏陶。

(7) 生活质量管理法

企业在确定目标时，在承认企业需要利润的前提下，充分考虑企业员工的利益要求并保障社会利益，从而将企业利益与社会利益统一起来。

(8) 完成社会角色

企业人在担任企业角色的同时也要完成其所扮演的社会角色。企业实施人本管理，从根本意义上说，是确立人在管理过程中的主导地位，以调动企业人的主动性、积极性和创造性，以此促进企业、社会和个人发展目标的实现。

3. 人本管理系统运作

(1) 人本管理系统工程

主要包括行为规范工程、领导者自律工程、利益驱动工程、精神风貌工程、员工培育工程、企业形象工程、企业凝聚力工程、企业创新工程等。

(2) 人本管理的机制

有效地进行人本管理，关键在于建立一整套完善的管理机制和环境，使员工处于自动运转的主动状态，激励员工奋发向上、励精图治的精神。主要包括以下机制：

①动力机制。包括物质动力和精神动力，即利益激励机制和精神激励机制，二者相辅相成，形成一个整体。

②压力机制。包括竞争的压力和目标责任压力。竞争使人面临挑战、有危机感，从而使人产生一种拼搏向上的力量，而目标责任制在于使人们有明确的奋斗方向和承担的责任，促使人们努力去履行自己的职责。

③约束机制。由制度规范和伦理道德规范两种规范组成。前者是企业的制度，是一种有形的强制约束；而后者主要是自我约束和社会舆论约束，是一种无形的约束。

④保障机制。主要指法律的保护和社会保障体系的保证。前者主要是保障人的基本权力、利益、名誉、人格等不受侵害，而后者则是保障人的基本生活。

⑤选择机制。主要是指企业和企业员工的双向选择的权利，创造一种良好的竞争机制，有利于人才的脱颖而出和优化组合，以建立企业结构合理、

素质优良的人才群体。

⑥环境影响机制。人的积极性、创造性的发挥，要受环境因素的影响。通常，环境因素由两个方面组成，一个是和谐、友善、融洽的人际关系，另一个是令人舒心愉快的工作条件和环境。

4. 人本管理四个阶段

以人为本的管理模式的关键在于员工的参与。企业管理对员工有四种基本管理模式：命令式管理、传统式管理、协商式管理、参与式管理。命令式管理和传统式管理是集权式管理，而协商式管理和参与式管理则属于以人为本的管理。根据员工参与程度的不同，可以将以人为本的管理模式分为四个阶段。

（1）控制型参与管理

控制型参与管理适合开始导入参与式管理模式时使用。严格地讲，它不属于真正意义上的参与管理，只是从传统管理向现代管理的一种过渡。控制型参与管理强调控制，在传统的自上而下式管理模式之中，引入自下而上的管理反馈机制，让员工的建议和意见有一个正式的反馈渠道，渠道的建设和管理仍然由管理人负责。

（2）授权型参与管理

在授权型参与管理阶段，员工被赋予较小的决策权，能够较灵活地处理本职工作以内的一些事务。授权型参与管理的重要意义在于它让员工养成了自主决策并对决策负责的工作习惯。在这个阶段，要允许员工犯错误，但不能连续犯同类的错误，管理人员的管理职能逐渐转化为指导职能。

（3）自主型参与管理

员工有更大的决策权限，就要为决策的失误担负更大的责任。组织对每位员工实行目标管理，管理人员的指导职能逐渐转化为协调职能。

（4）团队型参与管理

团队型参与管理是参与式管理的较高形式。它打破了传统的行政组织结构体系，根据公司发展需要临时组建、撤销职能团队。每个职能团队中的成员可以自由组合，也可以由组织决策层指定。由于部门的撤销，大量的管理人员将加入团队，他们失去了管理的工作职能。在团队中，由团队成员自主选择团队协调人。团队协调人不是团队的领导，没有给其他成员安排工作的权力，他们只在团队内部或者与外界沟通发生冲突时起到调解人的作用。团队协调人没有公司的正式任命，只是一个非正式职务，可以根据团队的需要随时选举和撤销。团队协调人也有自己的岗位工作，与团队其他人员同等待遇。公司给每个职能团队指定工作目标，由团队成员讨论达成工作目标的方式，然后各自分工、相互协作，完成工作。

（二）组织行为学及其与人本管理的关系

1. 组织行为学定义

组织行为学是研究组织中人的心理和行为表现及其客观规律，提高管理人员预测、引导和控制人的行为的能力，以实现组织既定目标的科学。

2. 组织行为学学说原理

组织行为学是研究在组织中以及组织与环境相互作用下，人们从事工作的心理活动和行为反应规律性的科学。它采用系统分析的方法，综合运用心理学、社会学、人类学、生理学、生物学、经济学和政治学等知识，研究一定组织中人的心理和行为的规律性，从而提高各级领导者和管理者对人的行为预测和引导能力，以便更有效地实现组织预定的目标。

人是管理的主体，也是管理的对象，研究人的行为规律便成为管理学的重要内容。社会的进步促使组织中的管理者必须重视对人的管理，组织管理学、人事管理学这些管理学的分支越来越显示出在管理体系中的重要地位，组织行为学就是在此基础上产生和发展起来的。

3. 国外优秀的行为安全管理模式[1]

（1）行为基础安全管理模式

行为基础安全管理模式（Behavior-Based Safety，BBS），是一种使职工参与行为改进过程，识别关键安全行为的行为管理模式。BBS 的原理是前因—

---

[1] 成春节，谭钦文，章少康，等．中小型企业员工不安全行为管理模式构建研究［J］．安全，2019（7）：67-71.

行为—后果行为模型，它假设所有的行为都由一个或者多个行为前因激发，而且都有一个或者多个行为后果激励或阻止其再次发生。BBS 运行是一个持续改进的过程，其步骤是建立目标行为，观察到不安全行为实施外界干预，并进行观察数据收集、安全绩效定量分析，提供给企业管理层一份直观、可测量的作业安全信息，如图 1-2 所示。

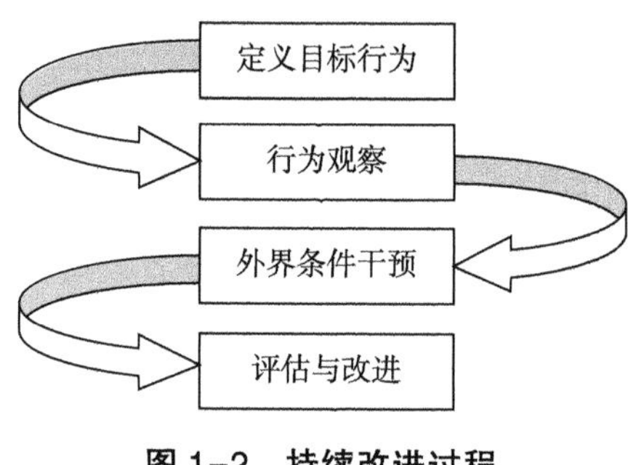

图 1-2　持续改进过程

（2）杜邦安全训练观察计划

杜邦安全训练观察计划（Safety Training Observation Program，STOP），通过前期培训、宣传 STOP 卡，让员工对 STOP 卡达成正确的认识，并能正确使用。STOP 运行流程如图 1-3 所示。

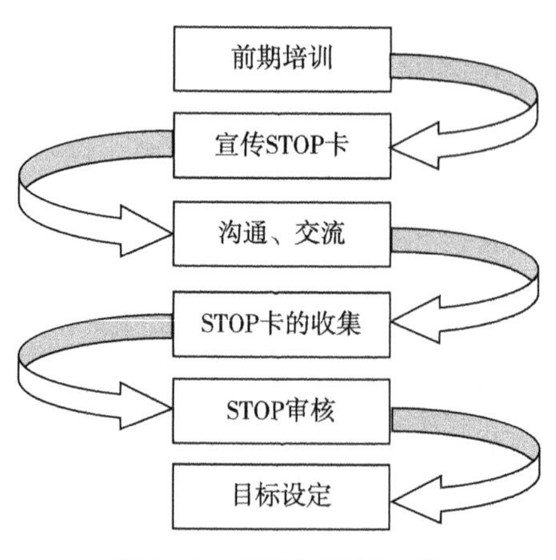

图 1-3　STOP 运行流程

BBS 属于事先设定安全行为目标，而杜邦安全训练观察计划则是从实践中收集不安全行为再设定目标。从现实角度讲，杜邦安全训练观察计划是

BBS 优化后的一种行为管理模式。

（三）安全生产管理的人本管理

如前所述，人本管理是把人（员工）作为企业最重要的资源，依据人（员工）的能力、特长、兴趣、心理状况等综合性情况来科学地安排最合适的工作，并通过全面的人力资源开发计划和企业文化建设，使员工能够在工作中充分地调动和发挥工作积极性、主动性和创造性，从而提高工作效率、增加工作业绩，为达成企业发展目标作出最大的贡献。在安全生产管理中研究人本管理，就是要发挥人本管理中的“个体”安全心理（学）方面的知识，以及“群体”（班组、部门）或者“组织”（企业、研究院所）安全文化方面的知识。以避免或杜绝意外安全事故中的人为因素，即工作中疲劳、情绪波动、注意力不集中、判断错误、人事关系等因素。在生产越来越自动化的情况下，人的劳动由具体操作向感知判断转换，由技能向技术转换，由动向静转换，人的因素就更显得突出。

人本管理及安全生产的以人为本，是全面、客观、系统的人本管理思想，不能片面强调人本管理，也不能把以人为本作为一切工作的“挡箭牌”而不作为。在组织层面实施安全系统化管理，建立以人为本的“个人—群体（部门/团队）—组织”安全风险防线，要充分发挥员工在安全管理方面的积极性、主动性、创造性，从“要我安全”到“我要安全”，在“以人为本”的安全管理中杜绝人为因素导致的意外安全事故。

三、事故致因

（一）海因里希法则

1. 定义

海因里希法则（Heinrich's Law）又称“海因里希安全法则”“海因里希事故法则”或“海因法则”，是美国著名安全工程师海因里希提出的 300：29：1 法则。海因里希法则是海因里希通过分析工伤事故的发生概率，为保险公司的经营提出的法则。这一法则完全可以用于企业的安全管理，即在 1 次重大事故背后必有29次“轻度”事故，还有300次潜在的隐患，如图1-4所示。

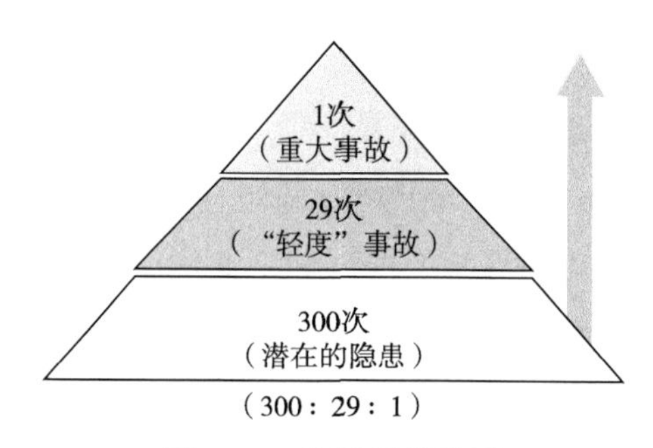

图1-4 海因里希法则

2. 作用

海因里希的工业安全理论是这一时期的代表性理论。海因里希认为，人的不安全行为、物的不安全状态是事故的直接原因，企业事故预防工作的中心就是消除人的不安全行为和物的不安全状态。海因里希的研究说明大多数的工业伤害事故都是由于操作人员的不安全行为引起的。即使一些工业伤害事故是由物的不安全状态引起的，但物的不安全状态的产生也是由于人的缺点、错误造成的。因而，海因里希理论也和事故频发倾向论一样，把工业事故的责任归因于人。从这种认识出发，海因里希进一步研究事故发生的根本原因，认为人的缺点来源于遗传因素和人员成长的社会环境。

3. 原理

海因里希首先提出了事故因果连锁论，用以阐明导致伤亡事故的各种原因及与事故间的关系。该理论认为，伤亡事故的发生不是一个孤立的事件，尽管伤害可能在某个瞬间突然发生，却是一系列事件相继发生的结果。

海因里希把工业伤害事故的发生、发展过程描述为具有一定因果关系的事件的连锁发生过程，即：

①人员伤亡的发生是事故的结果。

②事故的发生是由于：人的不安全行为；物的不安全状态。

③人的不安全行为或物的不安全状态是由于人的缺点造成的。

④人的缺点是由于不良环境诱发的，或者是由先天的遗传因素造成的。

4. 影响因素

海因里希最初提出的事故因果连锁过程包括如下五个因素。

（1）遗传及社会因素

遗传及社会因素是造成人的性格上缺点的原因，遗传因素可能造成鲁莽、固执等不良性格；社会环境可能妨碍教育、助长性格上的缺点发展。

（2）人的缺点

人的缺点是使人产生不安全行为或造成机械、物质不安全状态的原因，它包括鲁莽、固执、过激、神经质、轻率等性格上的先天缺点，以及缺乏安全生产知识和技能等后天缺点。

（3）人的不安全行为或物的不安全状态

所谓人的不安全行为或物的不安全状态是指那些曾经引起过事故或可能引起事故的人的行为，或机械、物质的状态，它们是造成事故的直接原因。例如，在起重机的吊钩下停留、不发信号就启动机器、工作时间打闹或拆除安全防护装置等都属于人的不安全行为；没有防护的传动齿轮、裸露的带电体或照明不良等属于物的不安全状态。

（4）事故

事故是由于物体、物质、人或放射线的作用或反作用，使人员受到伤害或可能受到伤害的、出乎意料的、失去控制的事件。坠落、物体打击等使人员受到伤害的事件是典型的事故。

（5）伤害

直接由于事故而产生的人身伤害。人们用多米诺骨牌来形象地描述这种事故因果连锁关系，得到如图 1-5 所示的那样的多米诺骨牌系列。在多米诺骨牌系列中，一张骨牌被碰倒了，则将发生连锁反应，其余的几张骨牌相继被碰倒。如果移去连锁中的一张骨牌，则连锁被破坏，事故过程被中止。海因里希认为，企业安全工作的中心就是防止人的不安全行为，消除机械的或物质的不安全状态，中断事故连锁的进程而避免事故的发生。

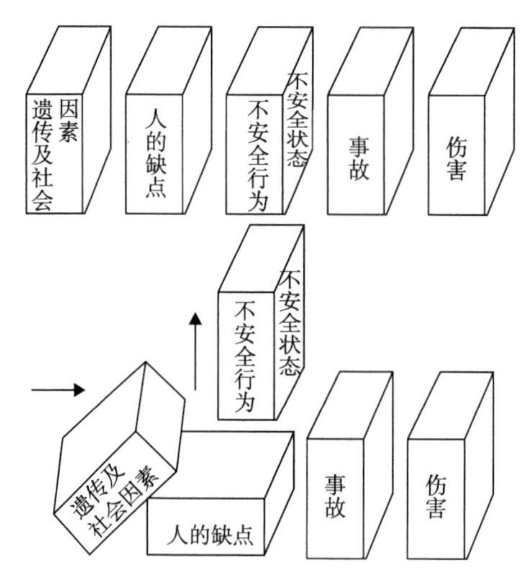

图 1-5 海因里希事故因果连锁理论

（二）事故因果论

亚当斯（Edward Adams）提出了一种与海因里希事故因果连锁理论类似的因果连锁模型。在该理论中，事故和损失因素与海因里希理论相似。这里把人的不安全行为和物的不安全状态称作现场失误，其目的在于提醒人们注意不安全行为和不安全状态的性质。

亚当斯理论的核心在于对现场失误的背后原因进行了深入的研究。操作者的不安全行为及生产作业中的不安全状态等现场失误，是由企业领导和安全技术人员的管理失误造成的。管理人员在管理工作中的差错或疏忽，企业领导人的决策失误，对企业经营管理及安全工作具有决定性的影响。管理失误又由企业管理体系中的问题所导致，这些问题包括：如何有组织地进行管理工作，确定怎样的管理目标，如何计划，如何实施等。管理体系反映了作为决策中心的领导人的信念、目标及规范，它决定了各级管理人员如何安排工作的轻重缓急、工作基准及指导方针等重大问题。

（三）事故树

事故树分析（Fault Tree Analysis，FTA）方法起源于故障树分析，是安全系统工程的重要分析方法之一，它是运用逻辑推理对各种系统的危险性进行辨识和评价，不仅能分析出事故的直接原因，而且能深入地揭示出事故的潜在原因。用它描述事故的因果关系，直观、明了，思路清晰，逻辑性强，既可定性分析，又可定量分析。在风险管理领域常用于企业风险的识别和衡量。

事故树分析借鉴了图论中“树”的概念，就是把一个无圈（或无回路）的连通图称为树。如果我们把树中的节点看作各类事件的代表，并用逻辑门来表示各节点之间的连接关系，假定各事件与逻辑门连接而成的树图能够正确地反映事故发生与发展的因果关系，则称这样的有向树为事故树（也称为事故树分析图）。[1]

1. 事件符号

在事故树中，常用的符号有四种：矩形、圆形、屋型和菱形，见表1–2。

表1–2　事件符号

事件符号	说　明
矩形	用来表示顶上事件或中间事件。需强调的是，对顶上事件的描述一定要清楚、简要、具体、明了，不能过于笼统。例如，可以将“机动车追尾”“机动车与自行车相撞”“道口火车与汽车相撞”等具体的事故作为顶上事件，但不能简单地称之为“交通事故”，以免造成后续的分析无从下手
圆形	用来表示基本（原因）事件。基本事件可以是人的差错，也可以是设备、机械故障，环境因素等。它表示了不能再继续往下分析的最基本的事件。例如：影响司机瞭望条件的“曲线地段”“照明不好”，司机本身问题影响行车安全的“酒后开车”“疲劳驾驶”等
屋型	用来表示正常事件。正常事件是系统在正常状态下所发生的一些正常的事件。例如“机车或车辆经过道岔”等
菱形	用来表示省略事件。省略事件是指事前不能分析，或者没有再分析下去的必要的一类事件。例如：“司机间断瞭望”“天气不好”“臆测行车”等

2. 逻辑门符号

逻辑门符号指用来连接各个事件，并表示特定逻辑关系的符号。常用的逻辑门符号，详见表1–3。

---

[1] 注：如需要详细了解事故树分析及相关方法，可查阅GJB/Z 768A—98《故障树分析指南》和QJ 1810—89《事故树术语和符号》。

表 1-3　逻辑门符号

逻辑门符号	说　　明
与门	表示仅当所有输入事件都发生时，输出事件才发生的逻辑关系，如图 1-6（a）所示
或门	表示至少有一个输入事件发生，输出事件就发生的逻辑关系，如图 1-6（b）所示
条件与门	表示 B1、B2 不仅同时发生，而且还必须再满足条件 α，输出事件 A 才会发生的逻辑关系，如图 1-6（c）所示
条件或门	表示任一输入事件发生时，还必须满足条件 α，输出事件 A 才发生的逻辑关系，如图 1-6（d）所示
排斥或门	表示几个事件当中，仅当一个输入事件发生时，输出事件 A 才发生的逻辑关系，其符号如图 1-6（e）所示
限制门	表示当输入事件 B 发生，且满足条件 X 时，输出事件才会发生，否则，输出事件不发生。限制门仅有一个输入事件，如图 1-6（f）所示
顺序与门	表示输入事件既要都发生，又要按一定的顺序发生，输出事件才会发生的逻辑关系，其符号如图 1-6（g）所示
表决门	表示仅当 n 个事件中有 m（m≤n）个或 m 个以上事件同时发生时，输出事件才会发生，其符号如图 1-6（h）所示

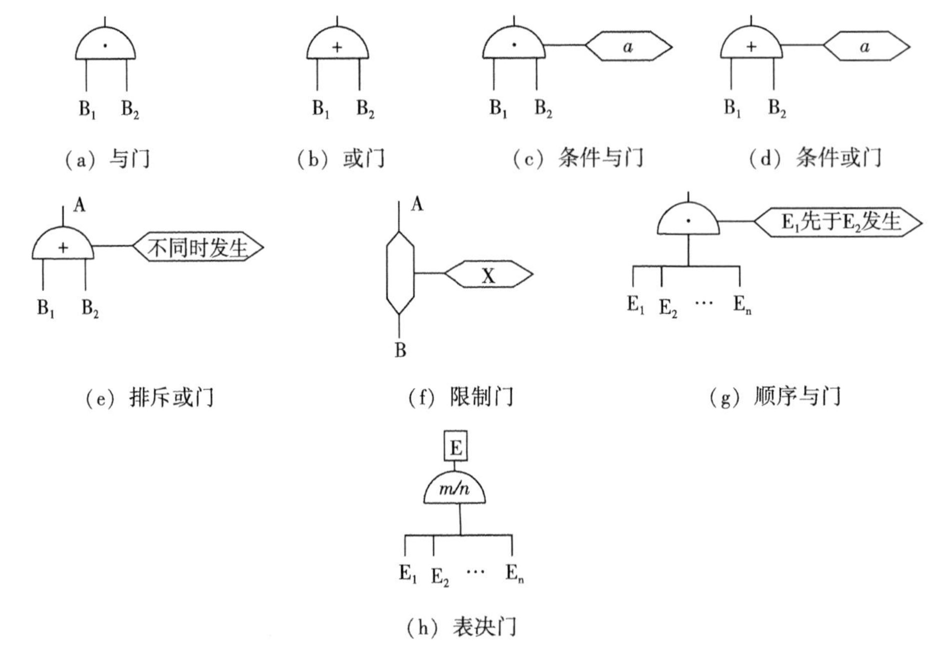

图 1-6　事故树的逻辑关系符号

3. 转移符号

当事故树的规模很大时，往往需要将某些部分画在别的纸上，就需要用转入或转出符号，如图 1-7 所示。

（a）转入符号　　　　（b）转出符号

图 1-7 转移符号

转入符号。表示转入上面以对应的字母或数字标注的子故障树部分符号，其符号如图 1-7（a）所示。

转出符号。表示该部分故障树由此转出，其符号如图 1-7（b）所示。

4. 编制故障树的步骤

①熟悉系统。了解系统的构造、性能、操作、工艺、元件之间的关系及人、软件、硬件、环境的相互作用和系统工作原理等。

②收集、调查系统事故资料。收集、调查系统的已有事故资料和类似系统的事故资料。

③确定顶上事件。根据对系统已掌握的资料，在分析系统一类危险源的基础上，确定系统事故类型作为顶上事件。

④调查分析顶上事件发生的原因，从人、机、物、环境和信息各方面入手调查分析影响顶上事件发生的所有原因。

20 世纪 60 年代初期，很多高新产品在研制过程中，因对系统的可靠性、安全性研究不够，新产品在没有确保绝对安全的情况下就投入市场，造成大量使用事故的发生，用户纷纷要求厂家进行经济赔偿，从而迫使企业寻找一种科学方法确保安全。

事故树分析首先由美国贝尔电话研究所于 1961 年为研究民兵式导弹发射控制系统时提出来，1974 年美国原子能委员会运用 FTA 对核电站事故进行了风险评价，发表了著名的《拉姆逊报告》。该报告对事故树分析作了大规模有效的应用。此后，事故树分析在社会各界引起了极大的反响，受到了广泛的重视，从而迅速在许多国家和许多企业应用和推广。我国开展事故树分析方法的研究是从 1978 年开始的。目前已有很多部门和企业正在进行普及和推广工作，并已取得一大批成果，促进了企业的安全生产。

下面以液化石油气为第一类危险源，以液化石油气储罐区火灾爆炸事故作为顶上事件。事故树分析如图 1-8 所示。

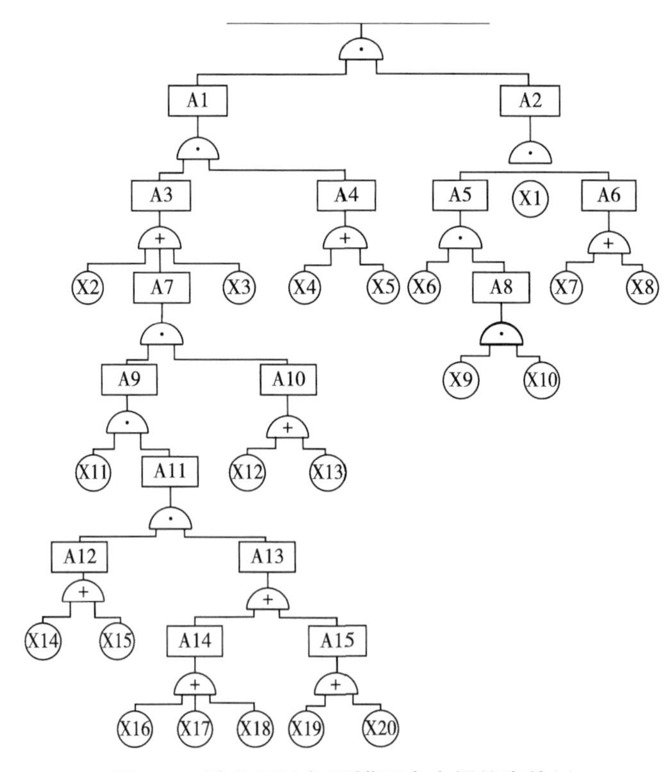

图 1-8　液化石油气储罐区火灾爆炸事故树

注：A1——形成混合气；A2——遇火源；A3——液态烃泄漏；A4——未报警；A5——静电火花；A6——附近有机动车通行；A7——罐爆裂；A8——静电未消除；A9——罐超压；A10——安全阀未起作用；A11——未报警；A12——未报警；A13——无显示；A14——液面未显示；A15——压力无显示。

X1——烟头未掐灭；X2——阀门泄漏；X3——法兰垫片断裂；X4——报警器故障；X5——无报警器；X6——收油或油排入事故罐过快；X7——未安装阻火器；X8——阻火器故障；X9——无接地线；X10——接地线断开；X11——收油过量；X12——安全阀下部阀门未开；X13——安全阀故障；X14——无报警器；X15——报警器故障；X16——液面计上下阀门未开；X17——液面计故障；X18——无液面计；X19——无压力表；X20——压力表故障。

（四）其他事故理论

1. 轨迹交叉论

随着生产技术的提高以及事故致因理论的发展完善，人们对人和物两种因素在事故致因中地位的认识发生了很大变化。一方面是由于生产技术进步的同时，生产装置、生产条件不安全的问题越来越引起人们的重视；另一方面是人们对人的因素研究逐步深入，能够正确地区分人的不安全行为和物的不安全状态。

约翰逊（W. G. Jonson）认为，判断到底是不安全行为还是不安全状态，受到研究者主观因素的影响，更取决于他认识问题的深刻程度。许多人由于缺乏有关失误方面的知识，把由于人失误造成的不安全状态看作是不安全行为。一起伤亡事故的发生，除人的不安全行为之外，一定存在着某种不安全状态，并且不安全状态对事故发生作用更大些。

斯奇巴（Skiba）提出，生产操作人员与机械设备两种因素都对事故的发生有影响，并且机械设备的危险状态对事故的发生作用更大些，只有当两种因素同时出现，才能发生事故。

上述理论被称为轨迹交叉理论，该理论的主要观点是，在事故发展进程中，人的因素运动轨迹与物的因素运动轨迹的交点就是事故发生的时间和空间，即人的不安全行为和物的不安全状态发生于同一时间、同一空间或者说人的不安全行为与物的不安全状态相通，则将在此时间、此空间发生事故。

轨迹交叉理论作为一种事故致因理论，强调人的因素和物的因素在事故致因中占有同样重要的地位。按照该理论，可以通过避免人与物两种因素运动轨迹交叉，即避免人的不安全行为和物的不安全状态同时、同地出现，来预防事故的发生。轨迹交叉理论事故模型如图 1-9 所示。

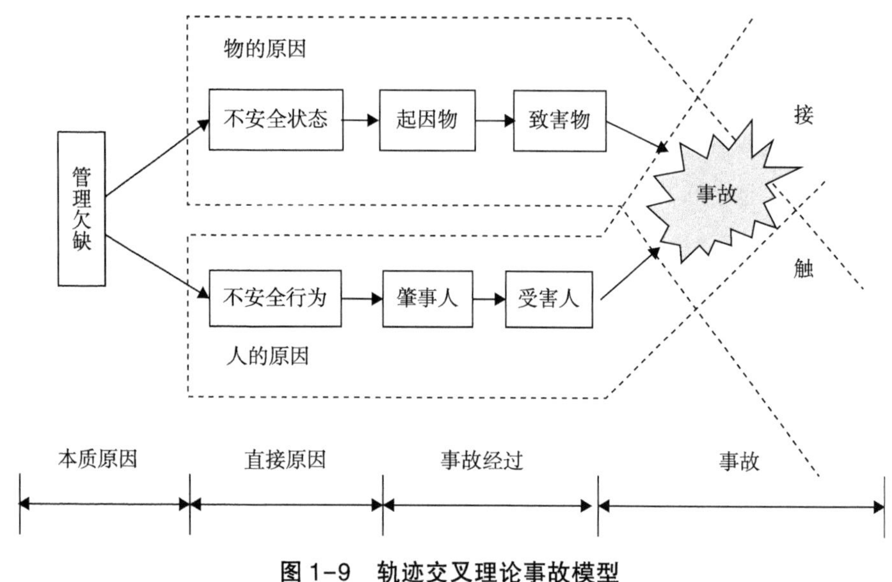

图 1-9 轨迹交叉理论事故模型

2. 瑟利的事故决策模式

瑟利模型是在 1969 年由美国人瑟利（J. Surry）提出的，是一个典型的根据人的认知过程分析事故致因的理论。

该模型把事故的发生过程分为危险出现和危险释放两个阶段，这两个阶段各自包括一组类似的人的信息处理过程，即感觉、认识及行为响应。在危险出现阶段，如果人的信息处理的每个环节都正确，危险就能被消除或得到控制；反之，就会使操作者直接面临危险。在危险释放阶段，如果人的信息处理过程的各个环节都是正确的，则虽然面临着已经显现出来的危险，但仍然可以避免危险释放出来，不会带来伤害或损害；反之，危险就会转化成伤害或损害。

瑟利模型不仅分析了危险出现、释放直至导致事故的原因，而且还为事故预防提供了一个良好的思路。即要想预防和控制事故，首先，应采用技术的手段使危险状态充分地显现出来，使操作者能够有更好的机会感知到危险的出现或释放，这样才有预防或控制事故的条件和可能。其次，应通过培训和教育的手段，提高人感知危险信号的敏感性，包括抗干扰能力等，同时也应采用相应的技术手段帮助操作者正确地感知危险状态信息，如采用能避开干扰的警告方式或加大警告信号的强度等。再次，应通过教育和培训的手段使操作者在感知到警告之后，准确地理解其含义，并知道应采取何种措施避免危险发生或控制其后果。同时，在此基础上，结合各方面的因素做出正确的决策。最后，则应通过系统及其辅助设施使人在做出正确的决策后，有足够的时间和条件做出行为响应，并通过培训的手段使人能够迅速、敏捷、正确地做出行为响应。这样，事故就会在相当大的程度上得到控制，取得良好的预防效果。

事故为有因之果，通过事故致因分析，找到避免和控制事故致因之策，以实现风险分析和事故预防。

四、风险管控

（一）风险管理

风险管理从 1930 年开始萌芽。风险管理最早起源于美国，在 20 世纪 30 年代，由于受到 1929—1933 年的世界性经济危机的影响，美国约有 40% 的银行和企业破产，经济倒退了约 20 年。为应对经营上的危机，美国许多大中型企业都在内部设立了保险管理部门，负责安排企业的各种保险项目。可见，当时的风险管理主要依赖保险手段。

1938 年以后，美国企业对风险管理开始采用科学的方法，并逐步积累了丰富的经验。1950 年以后风险管理发展成为一门学科，“风险管理”一词才形成。

1970 年以后逐渐兴起了全球性的风险管理运动。当时，由于企业面临的风险复杂多样，风险费用增加，法国从美国引进了风险管理并在法国国内传播开来。与法国同时，日本也开始了风险管理研究。

1. 风险管理的相关定义

风险管理当中包括了对风险的量度、评估和应变策略。理想的风险管理，是一连串排好优先次序的过程，使其中可以引致最大损失及最可能发生的事情优先处理，而相对风险较低的事情则可以压后处理。

现实情况里，优化的过程往往很难决定，因为风险和发生的可能性通常并不一致，所以要权衡两者的比重，以便做出最合适的决定。

风险管理亦要面对有效资源运用的难题。这牵涉到机会成本（opportunity cost）的因素。把资源用于风险管理，可能使运用于有回报活动的资源减少；而理想的风险管理，正希望能够花最少的资源去尽可能化解最大的危机。

“风险管理”曾经是20世纪90年代西方商业界前往中国进行投资的行政人员的必修科目。当年不少MBA课程都额外加入“风险管理”的环节。

2. 风险管理的概念

风险管理是社会、组织或者个人用以管控风险造成的消极结果的决策过程。通过风险识别、风险估测、风险评价，并在此基础上选择与优化组合各种风险管理技术，对风险实施有效控制和妥善处理风险所致损失的后果，从而以最小的成本收获最大的安全保障。风险管理含义的具体内容包括：

①风险管理的对象是风险。

②风险管理的主体可以是任何组织和个人，包括个人、家庭、组织（包括营利性组织和非营利性组织）。

③风险管理的过程包括风险识别、风险估测、风险评价、选择风险管理技术和评估风险管理效果等。

④风险管理的基本目标是以最小的成本收获最大的安全保障。

⑤风险管理成为一个独立的管理系统，并成为一门新兴学科。

3. 风险管理的内涵

风险管理（risk management）：在降低风险的收益与成本之间进行权衡并决定采取何种措施，确定减少的成本收益权衡方案（trade-off）和决定采取的行动计划（包括决定不采取任何行动）的过程。

首先，风险管理必须识别风险。风险识别是确定何种风险可能会对企业产生影响，最重要的是尽可能量化不确定性的程度和每个风险可能造成损失的程度。

其次，风险管理要着眼于风险控制，公司通常采用积极的措施来控制风险。通过降低其损失发生的概率，缩小其损失程度来达到控制目的。控制风险的最有效方法就是制订切实可行的应急方案，编制多个备选的方案，最大限度地对企业所面临的风险做好充分的准备。当风险发生后，按照预定的方案实施，可将损失控制在最低限度。

最后，风险管理要学会规避风险。在既定目标不变的情况下，改变方案的实施路径，从根本上消除特定的风险因素。例如设立现代激励机制、制订培训方案、做好人才备份工作等，可以降低知识员工流失的风险。

4. 风险管理过程

风险管理过程是组织管理的有机组成部分，嵌入组织文化和实践当中，贯穿于组织的经营过程，风险管理过程由明确环境信息、风险评估、风险应对、监督和检查五项活动组成，其中风险评估包括风险识别、风险分析和风险评价三个步骤。

通过风险评估，决策者和有关各方可以更深刻地理解那些可能影响组织目标实现的风险，以及现有风险控制措施的充分性和有效性，为确定最合适的风险应对方法奠定基础。风险评估的结果可作为组织决策过程的输入。风险评估活动内嵌于风险管理过程中，与其他风险管理活动紧密融合并相互推动，如图 1-10 所示。

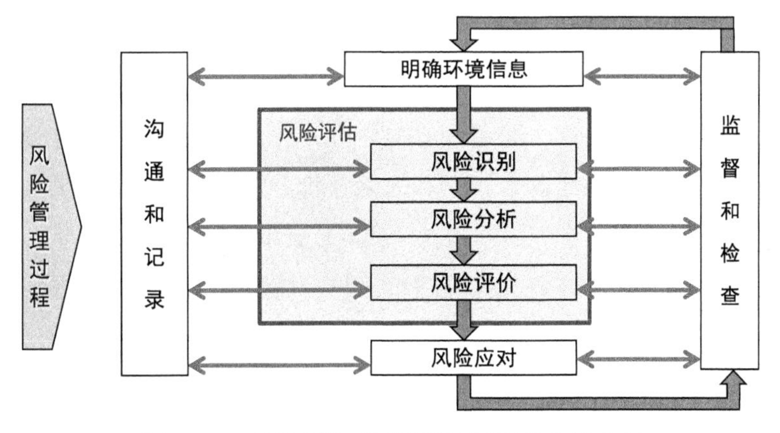

图 1-10　风险评估对风险管理过程的推动作用

（二）安全风险管理

1. 相关定义

安全风险管理就是指通过识别生产经营活动中存在的危险、有害因素，并运用定性或定量的统计分析方法确定其风险严重程度，进而确定风险控制的优先顺序和风险控制措施，以达到改善安全生产环境、减少和杜绝安全生产事故的目标而采取的措施和规定。

危险、有害因素（hazardous elements）：可能导致伤害、疾病、财产损失、环境破坏的根源或状态。

危险、有害因素识别（hazard identification）：识别危险、有害因素的存在并确定其性质的过程。

风险（risk）：发生特定危险事件的可能性与后果的结合。

风险评价（risk assessment）：评价风险程度并确定其是否在可承受范围的过程。

风险控制（risk control）：根据风险评价的结果及经营运行情况等，确定优先控制的顺序，采取措施消减风险，将风险控制在可以接受的程度，预防事故的发生。

2. 风险评价

应依据风险评价准则，选定合适的评价方法，定期和及时对作业活动和设备设施进行危险、有害因素识别和风险评价。在进行风险评价时，应对影响人、财产和环境等三个方面的可能性和严重程度进行分析。

企业各级管理人员应参与风险评价工作，鼓励从业人员积极参与风险评价和风险控制。

3. 安全风险管理评价准则

①有关安全生产法律、法规；

②设计规范、技术标准；

③企业的安全管理标准、技术标准；

④企业的安全生产方针和目标等。

4. 安全风险管理评价方法

企业可根据需要，选择有效、可行的风险评价方法进行风险评价。常用的评价方法有：

①工作危害分析（JHA）；

②安全检查表分析（SCL）；

③预先危险性分析（PHA）；

④危险与可操作性分析（HAZOP）；

⑤失效模式与影响分析（FMEA）；

⑥故障树分析（FTA）；

⑦事件树分析（ETA）；

⑧作业条件危险性分析（LEC）。

5. 安全风险管理评价范围

企业风险评价的范围应包括：

①规划、设计和建设、投产、运行等阶段；

②常规和异常活动；

③事故及潜在的紧急情况；

④所有进入作业场所的人员的活动；

⑤原材料、产品的运输和使用过程；

⑥作业场所的设施、设备、车辆、安全防护用品；

⑦人为因素，包括违反操作规程和安全生产规章制度；

⑧丢弃、废弃、拆除与处置；

⑨气候、地震及其他自然灾害。

6. 安全风险管理风险控制

企业应根据风险评价的结果及经营运行情况等，确定不可接受的风险，制订并落实控制措施，将风险尤其是重大风险控制在可以接受的程度。企业在选择风险控制措施时，应考虑：

①可行性；

②安全性；

③可靠性。

应包括：

①工程技术措施；

②管理措施；

③培训教育措施；

④个体防护措施。

企业应将风险评价的结果及所采取的控制措施对从业人员进行宣传、培训，使其熟悉工作岗位和作业环境中存在的危险、有害因素，掌握、落实应采取的控制措施。

（三）风险预警

风险预警系统是根据所研究对象的特点，通过收集相关的资料信息，监控风险因素的变动趋势，并评价各种风险状态偏离预警线的强弱程度，向决策层发出预警信号并提前采取预控对策的系统。因此，要构建预警系统必须首先构建评价指标体系，并对指标类别加以分析处理；其次，依据预警模型，对评价指标体系进行综合评判；最后，依据评判结果设置预警区间，并采取相应对策。

在风险管理体系中，一般需要包括风险管理计划、风险识别、风险定性分析、风险定量分析、风险响应和风险监控。风险管理的本质是对不确定性的管理，所以这种不确定性不仅会给组织带来威胁，同时也可能意味着机会，因此加强风险管理还可以帮助组织发现新的机会。风险管理贯穿组织各项业务的整个过程，包括事前、事中和事后，但越早发现风险、越早采取措施，则风险管理的成本就越低，给企业带来的效益也就越大。按照 1 : 10 : 100 的理论，如果在第一个阶段控制风险的成本是 1，那么到了第二个阶段才采取措施，它的成本就会是 10，到了第三个阶段时的成本就将是 100。因此，在风险管理领域中普遍强调风险管理的计划性和预测性。风险预警系统可以为风险识别、风险分析、风险监控等提供强有力的手段，在整个风险管理体系中具有极其重要的地位。

五、组织行为与安全心理

意外安全事故发生的原因，可分为人的因素和物的因素两个方面。人的因素有疲劳、情绪波动、不注意、判断错误、人事关系等。物的因素有设备发生故障、仪器失灵以及工作条件不良等。物的因素之所以导致事故，又与人的管理不善、维护不良等有关。因此，在人和物这两个因素中，人的因素是主要的、大量的。在生产越来越自动化的情况下，人的劳动由具体操作向感知判断转变，由技能向技术转变，由动向静转变，人的因素就更显得突出。据研究，发生意外事故的原因，人的因素在苏联占60%～90%，在日本要占70%，美国的汽车交通事故90%是由人的差错造成的。美国三厘岛核电站的事故也主要由操作人员的差错造成。

（一）影响人的安全行为的心理

人的各种心理现象都是对客观外界的"复写""摄影"和"反映"。但人的心理反应有主观的个性特征，对同一客观事物，不同的人反应可能是大不相同的。经常看到的现象就有，从事同一项工作的人，由于心理因素（精神状态）不同，产生的行为结果也就不同。[1]

1. 情绪的影响

情绪是每个人固有的，是受客观事务影响的一种外在表现，这种表现是体验又是反应，是冲动又是行为。通俗地讲，情绪处于兴奋状态时，人的思维与反应动作都较快；处于抑制状态时，思维和反应及动作显得迟缓；处于强化状态时，往往就有反常的举动。这些情绪可能导致思维与行动不协调、动作之间不连贯，这些都是安全行为的忌讳。当不良情绪出现时，需要临时改换工作岗位或停止工作，在生产过程中应杜绝因情绪导致不安全行为的发生。

---

[1] 成春节，谭钦文，章少康，等. 中小型企业员工不安全行为管理模式构建研究［J］. 安全，2019（7）：67-71.

2. 气质的影响

气质是一个人所具有典型的、稳定的心理特征，俗称性情、脾气，它是一个人生来就具有的心理活动的动力特征。气质对于个体来说具有较大的稳定性，使个人的安全行为表现出独特的个人色彩。一般情况下，个人的气质表现在他的情感、情绪和行为当中。同样是积极工作，有的人表现为遵章守纪，动作和行为可靠安全；而有的人则表现为蛮干、急躁，安全行为不稳定。一个人的气质是先天的，后天的环境和教育对气质的改变是微小和缓慢的，俗话说，“江山易改，本性难移”，就是指气质的稳定性、不易改变的特点。分析员工的气质类型，合理安排和支配，对保证工作时的行为安全有积极的作用。

3. 性格的影响

“性格”是人的个性心理特征的重要方面，人的个性差异首先表现在性格上。但人的性格不是天生的，是在长期发展过程中所形成的稳定的内涵，贯穿于一个人的全部活动，是构成个性的核心。性格较稳定，不能用一时、偶然的冲动作为衡量性格特征的依据。经历、环境、教育和社会实践等因素对良好性格的形成具有重要意义。在安全生产中，进行处罚和表扬奖励的情况，就是为了在客观上激发个人以不同的方式进行自我教育、自我控制、自我监督，从而形成工作认真负责和重视安全生产的性格特征。性格一般有理智型、情绪型和意志型。理智型用理智衡量一切并支配行动；情绪型的情绪体验深刻，安全行为受情绪影响大；意志型有明确目标，行为主动且安全责任心强。

4. 能力的影响

一般能力是指在多种基本活动中表现出来的能力，如观察力、记忆力、抽象概括能力等。特殊能力是指在某些专业活动中表现出来的能力，如数学能力、音乐能力、专业技术能力等。能力也反映了个体在某一工作中完成任务的可能性，可分为心理能力、体质能力、情商三个方面。

心理能力就是从事心理活动所需要的能力，一般来讲，心理能力包括七个维度：算术、语言理解、知觉速度、归纳推理、演绎推理、空间视觉以及记忆力。在很多工作中，要求员工的行为十分规范，如遵守安全操作规程，就与高智商、与工作绩效无关。但是无论什么性质的工作，在算术、语言、空间和知觉能力方面，都是工作熟练程度的有效预测指标。体质能力对于性能要求较少而规范化程度较高的工作而言是十分重要的。情商的核心在于强调认知和管理情绪（包括自己和他人的情绪）、自我激励、正确处理人际关系三方面的能力。有研究表明，一个人的成就只有20%来自智商，而80%都取决于情商。

当能力与工作匹配时，员工的工作绩效会提高。较高的工作绩效对具体的心理能力、体质能力、情商方面的要求，取决于该工作本身对能力的要求，与工作匹配度较高的能力能够减少不安全行为的发生，促进工作绩效的提高。

（二）人的安全心理与事故发生率的关系

造成安全事故的原因是复杂多样的，对于人为事故原因的分析不能停留在“人因”这一层次上，例如分析人的不安全行为表现时，应分清是生理原因还是心理原因，是客观环境还是主观原因。对于心理或主观的原因，要从人的内因入手，通过教育、监督、检查、管理等手段来控制和调整；对于生理或客观的原因，主要从物态和环境方面进行研究，以适应人的生理客观要求，减少人的失误。

根据心理学研究的规律，人的行为是由动机支配的，而动机则是由需要引起的。行为一般来说都有目的，都是在某种动机的策动下为了达到某个目标而进行的。需要、动机、行为、目标四者之间关系密切。因为实际工作需要产生了学习的动机，进而可以产生学习的热情。动机是指为满足某种需要而进行活动的念头或想法，是推动人们进行活动的动力。动机和行为关系复杂，在对待事故责任者的分析判断上，可以考虑以下两个方面：

1. 同一动机可引起不同的行为

例如想尽快完成生产任务，这种动机可表现为努力工作，提高效率；也可能出现盲干违章，不顾操作规程等情况。

2. 同一行为可出自不同的动机

例如埋头工作可由各种动机引起，例如争当先进，多拿奖金，多获表扬，事业心驱动等。

合理的动机也可能引起不合理甚至错误的行为。例如为了完成生产任务，加班加点干活，忽视了劳逸结合，使员工在极度疲劳下连续工作，导致工伤事故。

（三）组织行为与安全心理

1. 在安全宣传教育中运用安全行为科学

安全教育的效果与其进行的方式密切相关。从行为科学的角度，利用心理学、教育学、管理学的方法和技术，会取得好的效果。例如利用认知技巧中的第一印象作用和优先效应强化新员工的“三级”教育；应用意识过程的感觉、知觉、记忆、思维规律，设计安全教育的内容和程序；利用安全意识规律，通过宣教的方式来强化人的安全意识。

2. 用安全行为科学指导安全文化建设

安全文化建设的实践之一就是要提高全员的安全文化素质。不同的对象（管理者、技术人员、普通员工）所对应的安全文化教育的内容和要求是不一样的，不同的对象应采用不同的安全文化建设方式（管理、宣传、教育等）。例如安全文化活动需要定期与非定期相结合进行，必要时，可从简单的审查变为艺术的激励和启发。

3. 塑造安全监管人员良好的心理素质

安全管理和安全监察人员的工作具有多样性、复杂性和重要性，需要具备较高的思想品质和能力素质才能顺利完成工作职责。在工作实践中逐步形成所从事职业的心理品质，表现在以下几点：

（1）应具有必需的道德品质

在对生产过程中因不安全所致的事故及责任者进行处理、教育，或对企业的安全管理提出客观公正的评价意见时，只有受过良好教育，具有崇高道德品质的人，才能做到实事求是、秉公办事。

（2）应具有良好的分析问题的能力

在处理事故时对其原因的分析和责任的处理都需要有分析和综合的能力，需要思维敏捷、灵活，善于综合处理问题。还要有空间想象能力、果断、主见、耐心、沉着、自制力、纪律性和认真精神等，以及较好的人际关系处理能力。

4. 为环境和设备设施的安全设计提供依据

人在工作中的安全行为除内因的作用和影响外，还受外部如环境、设备设施状况的影响。环境变化会影响人的心理和行为，设备设施的运行失常及布置不当，会影响人的识别与操作，造成混乱和差错，甚至导致事故。环境差会造成人的不适、疲劳及注意力分散，从而造成行为失误和差错。要保障人的安全行为，必须创造良好的环境，保证物的状况良好和合理，使人、物、环境协调，有助于减少人为事故隐患。

六、安全法制建设

（一）世界各国劳动法立法过程

劳动法作为独立的法律体系，产生于19世纪，与产业革命的蓬勃发展及工人运动的日益壮大密切相关。18世纪末—19世纪初，随着西方各国无产阶级革命运动的逐步兴起，世界工人运动中工人阶级强烈要求废除原有的“工人法规”，颁布缩短工作日的法律；要求增加工资、禁止使用童工、对女工及未成年工给予特殊保护以及实现社会保险等。资产阶级政府迫于上述情况，制定了限制工作时间的法规，从而促使了劳动法的产生。

1802年英国通过了《学徒健康和道德法》，这就是现代劳动立法的开端。1864年，英国颁布了适用于一切大工业的“工厂法”。1901年英国制定的《工厂和作坊法》，对劳动时间、工资给付日期、地点以及建立以生产额多少为比例的工资制等，都作了详细规定。

德国也于1839年颁布了《普鲁士工厂矿山条例》。法国于1806年制定了“工厂法”，1841年又颁布了《童工、未成年工保护法》，1912年最终制定了《劳工法》。进入20世纪以后，西方主要的国家大都相继颁布了劳动法规。在1802年以后的百余年间，西方国家的劳动法逐渐从民法中分离出来，成为独立的法律。

第一次世界大战后，由于国际无产阶级斗争的高涨，西方国家陆续制定了不少劳动法。1918年德国颁布了《工作时间法》，明确规定对产业工人实行 8 小时工作制，还颁布了《失业救济法》《工人保护法》《集体合同法》，都在一定程度上保护了劳动者的利益，对资本家的权益作了适当的限制。到 20 世纪 30 年代，西方国家劳动立法出现了两种不同倾向：一种是以德、意、日为代表的法西斯国家，不仅把已经颁布实施的改善劳动条件的法令一一废除，而且把劳动立法作为实现法西斯专政、进一步控制工人的工具。另一种是以英、美为代表的一些国家，它们为了摆脱经济危机，在经济大萧条时期，对工人采取了一定的让步政策。

英国于 1932—1938 年先后颁布了缩短女工和青工劳动时间，实行保留工资、年休假以及改善安全卫生条件的几项法律。美国在 1935 年颁布的《国家劳工关系法》（《华格纳法》），规定工人有组织工会和工会代表工人同雇主订立集体合同的权利。1938 年又颁布了《公平劳动标准法》，规定工人最低工资标准和最高工作时间限额，以及超过时间限额的工资支付办法。

俄国十月革命后，在 1918 年颁布了第一部《劳动法典》，1922 年又重新颁布了更完备的《俄罗斯联邦劳动法典》，体现了工人阶级地位的转变和国家对劳动和劳动者的态度。它以法典的形式使劳动法彻底脱离了民法的范畴。

第二次世界大战后，资本主义总危机进一步加深，资本主义国家产生了一批现代的反工人立法。如 1947 年美国国会通过的《塔夫脱—哈特莱法》，把工会变成一种受政府和法院监督的机构，禁止工会以工会基金用于政治活动；规定要求，废除或改变集体合同，必须在 60 天前通知对方，在此期间，禁止罢工或关厂，而由联邦仲裁与调解局进行调解；规定政府有权命令大罢工延期 80 天举行，禁止共产党人担任工会的职务等。又如 1947 年法国国民议会通过的《保卫共和国劳动自由法》，同样是镇压工人运动的法律。

20 世纪 60 年代，西方国家的劳动立法出现了新的趋势。在工人运动的压力下，各主要国家相继颁布了一些改善劳动条件和劳动待遇的法律，如法国颁布了关于改善劳动条件、男女同工同酬、限制在劳动方面种族歧视的法律，日本于 1976 年重新修订了《劳动标准法》，还制定了关于最低工资、劳动安全与卫生、职业训练、女工福利等方面的法律。70 年代以后，苏联的劳动立法也有了很大的变化，1970 年颁布了《苏联和各加盟共和国劳动立法纲要》，其后，各加盟共和国又根据这一立法纲要颁布了自己的劳动法典。东欧国家在50年代先后颁布了劳动法典，到60—80年代，除有的国家如保加利亚，对他们的劳动法典进行了修订和补充外，大部分国家如罗马尼亚、匈牙利、民主德国、捷克斯洛伐克、阿尔巴尼亚、波兰、南斯拉夫等，都曾再次颁布了劳动法典。经过近2个世纪的历程，劳动法越来越受到重视，在世界各国的法律体系中占有重要的地位。

法国是成文法国家，更是实行法典化制度的国家。在社会法领域，分别有劳动法典和社会保障法典。法国的劳动立法数量很多，在欧洲国家中是首屈一指的。每届政府上台都要进行劳动立法，以推行本届政府在竞选中对劳资社会伙伴的承诺。法国劳动法在法律体系中的特殊地位还表现在它的司法机构的特色上。与中国、美国存在的较为发达企业内部劳动纠纷调解机构相比，法国劳动争议案件很少通过企业内部调解处理，基本上都是通过诉讼渠道解决。法国建立了一套独特的、具有历史传统的劳动争议司法处理机构。

在近代世界各国中，法国是制定宪法最多的国家，而且随着阶级斗争的发展和政治形势的变化，其内容，如有关政体、立法机关、国家元首、公民权利的规定，呈现出多样化的特点。尽管如此，法国宪法仍有其连续性，如许多国家机构的设置、司法制度等自拿破仑一世以来基本未变；宪法的某些原则，如主权在民、公民的基本权利、普选代议制、共和制等，200年来已深入人心。因此，近代各国制宪时都不免要借鉴法国宪法。

（二）中国劳动立法过程

中国的劳动立法，出现于20世纪初期。“中华民国”时期，北洋政府农商部于1923年3月29日公布了《暂行工厂规则》，内容包括最低的受雇年龄、工作时间与休息时间、对童工和女工工作的限制，以及工资福利、补习教育等规定。国民党政府则沿袭清末《民法草案》的做法，把劳动关系作为雇佣关系载入1929—1931年的民法中；1929年10月颁布的《工会法》，实际上是限制与剥夺工人民主自由的法律。为了维护工人利益，中国共产党领导下的中国劳动组合书记部在1922年发动了大规模的劳动立法运动，并提出《劳动法大纲》19条等。这一代表工人利益的《劳动法大纲》并未得到当时政府的确认。

在中国共产党领导下的革命根据地，才产生了真正代表职工利益的劳动立法。1931 年 11 月 7 日，中华工农兵苏维埃第一次全国代表大会通过了《中华苏维埃共和国劳动法》。抗日战争时期，各边区政府也曾公布过许多劳动法令，如晋冀鲁豫边区 1941 年 11 月 1 日就曾公布过《晋冀鲁豫边区劳工保护暂行条例》。

（三）我国的安全生产法制体系

我国的安全生产法制体系可以根据时间分为以下四个阶段（见表 1-4）。

表 1-4 安全生产法制体系阶段划分

<table>
<tr><th colspan="2">阶段</th><th>主要特征、颁发法规</th></tr>
<tr><td rowspan="2">1. 建立和发展阶段</td><td>国民经济恢复时期（1949—1952）</td><td>中华人民共和国建立后，一些新的管理方法不断产生和确立，如“五同时”原则、安全生产责任制度、安全技术措施计划制度、安全教育培训制度，大大推进了安全生产管理工作的开展，有力地促进了劳动生产率的提高，是我国安全生产管理事业建立和全面振兴时期。
中国人民政治协商会议通过的《共同纲领》中，明确地宣布：“公私企业一般实行 8 小时至 10 小时工作制”；“保护女工的特殊利益”；“实行工矿检查制度，以改进工矿的安全和卫生设备”。
1948 年第六次全国劳动大会，通过了《关于中国职工运动当前任务的决议》，对解放区的劳动问题提出了全面的、相当详尽的建议，对调整劳动关系提出了基本原则。
1950 年，中央人民政府公布《中华人民共和国工会法》，1950 年，劳动部公布《关于劳动争议解决程序的规定》。
1951 年，政务院公布《中华人民共和国劳动保险条例》（1953 年经修正后重新公布）。
1952 年，政务院发布《关于劳动就业问题的决定》</td></tr>
<tr><td>第一个五年计划时期（1953—1957）</td><td>在劳动保护工作座谈会上确定了“管生产必须同时管安全”的原则，明确提出企业领导人必须贯彻此原则；建立专职安全管理机构，配备专职安全管理人员，使安全工作在组织上得到了保证。这一时期安全工作发展顺利，措施得力，安全生产达到了新中国成立以来的最佳水平。
1954 年，政务院公布《国营企业内部劳动规则纲要》。
1954 年，劳动部发布《关于进一步加强安全技术教育的决定》。</td></tr>
</table>

续表

阶段		主要特征、颁发法规
1. 建立和发展阶段	第一个五年计划时期（1953—1957）	1956年，国务院公布《关于工资改革的决定》。 1956年由国务院正式颁布《工厂安全卫生规程》《建筑安装工程安全技术规程》和《工人职员伤亡事故报告规程》，简称三大规程。 1956年，劳动部、中华全国总工会联合发布了《安全技术措施计划的项目总名称表》，明确了安全技术措施计划项目40项内容。 1958年，国务院公布了《关于工人、职员退休处理的暂行规定》等四项重要规定
2. 停顿和倒退阶段	受挫阶段（1958—1960）	“大跃进”期间，拼体力、拼设备、浮夸冒进之风盛行，生产秩序遭到破坏；伤亡事故大幅度提升，出现了新中国成立以来的第一次伤亡事故高峰
	探索阶段（1961—1965）	总结经验教训，提出“调整、巩固、充实、提高”的方针，健全规章制度，加强安全管理，重建安全生产秩序，开展“十防一灭”活动（防撞压、防坍塌、防爆炸、防触电、防中毒、防粉尘、防水灾、防水淹、防浇烫、防坠落、消灭工伤和死亡事故） 1962年国家计划委员会、卫生部共同发布《工业企业卫生设计标准》，同年召开全国第二次防止矽尘危害工作会议。安全生产状况有了较大好转，伤亡事故迅速减少。 1963年国务院发布的《关于加强企业生产中安全工作的几项规定》中，确立了安全生产责任制，解决了安全技术措施计划，完善了安全生产教育，确定了安全生产定期检查、严肃伤亡事故的调查和处理等内容。这为以后我们抓安全生产的管理工作提供了依据
	动荡和徘徊阶段（1966—1977）	1966年到1976年，是“文化大革命”期间，宣传“一不怕苦，二不怕死”。其间安全生产立法工作是空白，执法工作也停止了，法制建设出现了停滞和倒退。伤亡事故和职业病再次大幅度上升，出现了新中国成立以来的第二次事故高峰。安全工作呈徘徊不前的局面

续表

阶段	主要特征、颁发法规
3. 恢复和提高阶段 （1978—1992）	随着思想上、政治上的拨乱反正，中共中央十一届三中全会确定把工作方针重点转移到建设四个现代化上来，对国民经济实行“调整、改革、整顿、提高”的方针，安全生产管理工作也进入了全面整顿和恢复发展时期，安全生产各项工作开始逐步走向正轨，重申继续切实贯彻《国务院关于加强企业生产中安全工作的几项规定》和“三大规程”等一批安全方面的法规。同时国家也陆续颁布一些安全方面的专项法规。提出“管生产必须管安全”原则、“三同时”原则、“五同时”原则、“三不放过”原则等。 1978 年，《国务院关于安置老弱病残干部的暂行办法》和《国务院关于工人退休、退职的暂行办法》；同年发布了《国务院关于实行奖励和计件工资制度的通知》。 1978 年，中共中央发布了《关于认真做好劳动保护工作的通知》。 1979 年国务院批准国家劳动总局、卫生部《关于加强厂矿企业防尘防毒的工作报告》，成为安全工作的指导性文件的依据。 1982 年，国务院发布了《矿山安全条例》《矿山安全监察条例》《锅炉压力容器安全监察暂行条例》等三项法律文件。 1982 年，国务院发布了《企业职工奖惩条例》。 1986 年，国务院发布了《国营企业实行劳动合同制暂行规定》《国营企业招用工人暂行规定》《国营企业辞退违纪职工暂行规定》和《国营企业职工待业保险暂行规定》。 1986 年，中共中央、国务院发布了《全民所有制工业企业职工代表大会条例》。 1987 年，国务院发布了《国营企业劳动争议处理暂行规定》。同年，劳动部发出了《关于严格禁止招用童工的通知》。 1987 年将原来的“安全生产”的方针确定为“安全第一、预防为主”的方针，把安全工作的重点放在了预防上。 1988 年，国务院颁布了《女职工劳动保护规定》

续表

阶段	主要特征、颁发法规
4. 市场经济下的高速发展阶段（1993年至今）	20世纪90年代初期第三次起草《劳动法》，1994年7月5日经人大常委会审议通过。《中华人民共和国劳动法》的颁布标志中国劳动法制进入一个新的历史阶段。《劳动法》共13章107条，包括总则、就业促进、劳动合同和集体合同、工作时间和休息时间、工资、劳动安全卫生、女职工和未成年工特殊保护、职业培训；社会保险和福利、劳动争议、监督检查、法律责任、附则。《劳动法》是中国的基本法，为劳动法制建设奠定了基础。 《劳动法》的立法指导思想是：①充分体现宪法原则，突出对劳动者权益的保护。②有利于促进生产力的发展。③规定统一的基本标准和规范。④坚持从我国国情出发，尽量与国际惯例接轨。这一指导思想保证了《劳动法》的制定工作具有中国社会主义特色。2007年6月29日第十届全国人民代表大会常务委员会第二十八次会审议通过，并于2008年1月1日实施了《中华人民共和国劳动合同法》，对劳动合同制度作了进一步完善。 1992年，第七届全国人民代表大会第五次会议通过了新的《中华人民共和国工会法》。 1992年，全国人民代表大会常委会通过了《中华人民共和国矿山安全法》。 1993年，国务院颁布了《企业劳动争议处理条例》。 1994年，国务院发布了《关于职工工作时间的规定》。 这些劳动法规在调整劳动关系方面发挥了积极作用。“企业负责，行业管理、国家监察、群众监督”，“各级政府和各个部门的领导干部首先要提高对安全生产的认识，抓重点，抓责任，抓基础工作，进行综合治理”，“统一思想，加强管理狠抓落实，把安全生产工作中心转到预防为主上来”等。 目前，已经形成了从国家法律、行政法规到部门规章一整套的安全法律法规体系，如： 国家法律： 1.《中华人民共和国安全生产法》 2.《中华人民共和国道路交通安全法》 3.《中华人民共和国职业病防治法》 4.《中华人民共和国工会法》 5.《中华人民共和国消防法》 6.《中华人民共和国煤炭法》 7.《中华人民共和国劳动法》

续表

阶段	主要特征、颁发法规
4. 市场经济下的高速发展阶段（1993年—至今）	8.《中华人民共和国矿山安全法》 9.《中华人民共和国海上交通安全法》 10.《铁路法》 行政法规： 1.《电力监管条例》 2.《铁路运输安全保护条例》 3.《劳动保障监察条例》 4.《中华人民共和国道路运输条例》 5.《中华人民共和国道路交通安全法实施条例》 6.《建设工程安全生产管理条例》 7.《安全生产许可证条例》 8.《工伤保险条例》 9.《特种设备安全监察条例》 10.《中华人民共和国内河交通安全管理条例》 11.《使用有毒物品作业场所劳动保护条例》 12.《危险化学品安全管理条例》 13.《国务院关于特大安全事故行政责任追究的规定》 14.《煤矿安全监察条例》 15.《中华人民共和国矿山安全法实施条例》 16.《中华人民共和国民用航空安全保卫条例》 17.《企业职工伤亡事故报告和处理规定》 18.《水库大坝安全管理条例》 19.《中华人民共和国渔港水域交通安全管理条例》 20.《特别重大事故调查程序暂行规定》 21.《女职工劳动保护规定》 22.《中华人民共和国尘肺病防治条例》 23.《民用爆炸物品安全管理条例》 24.《矿山安全监察条例》 25.《矿山安全条例》 部门规章： 1.《国有煤矿瓦斯治理安全监察规定》 2.《国有煤矿瓦斯治理规定》 3.《安全生产培训管理办法》 4.《小型露天采石场安全生产暂行规定》 5.《非煤矿矿山建设项目安全设施设计审查与竣工验收办法》 6.《危险化学品生产储存建设项目安全审查办法》

续表

阶段	主要特征、颁发法规
4. 市场经济下的高速发展阶段（1993年—至今）	7.《煤矿安全规程》 8.《安全生产监督罚款管理暂行办法》 9.《安全生产行业标准管理规定》 10.《安全评价机构管理规定》 11.《注册安全工程师注册管理办法》 12.《烟花爆竹生产企业安全生产许可证实施办法》 13.《危险化学品生产企业安全生产许可证实施办法》 14.《非煤矿矿山企业安全生产许可证实施办法》 15.《煤矿企业安全生产许可证实施办法》 16.《煤矿安全监察罚款管理办法》 17.《煤矿建设项目安全设施监察规定》 18.《煤矿安全生产基本条件规定》 19.《煤矿安全监察行政处罚办法》 20.《煤矿安全监察行政复议规定》 21.《煤矿安全监察员管理办法》 22.《安全生产违法行为行政处罚办法》 23.《气瓶安全监察规定》 24.《安全生产行政复议暂行办法》 25.《危险化学品登记管理办法》 26.《危险化学品包装物、容器定点生产管理办法》 27.《危险化学品经营许可证管理办法》 28.《职业病诊断与鉴定管理办法》 29.《职业病危害项目申报管理办法》 30.《职业病危害事故调查处理办法》 31.《职业健康监护管理办法》 32.《国家职业卫生标准管理办法》 33.《建设项目职业病危害分类管理办法》 34.《放射事故管理规定》 35.《特种设备注册登记与使用管理规则》 36.《特种设备质量监督与安全监察规定》 37.《小型和常压热水锅炉安全监察规定》 38.《石油天然气管道安全监督与管理暂行规定》 39.《特种作业人员安全技术培训考核管理规定》 40.《建设项目（工程）劳动安全卫生预评价管理办法》 41.《工作场所安全使用化学品规定》 42.《劳动监察员管理办法》

续表

阶段	主要特征、颁发法规
4. 市场经济下的高速发展阶段（1993年—至今）	43.《化学工业毒物登记管理办法》 44.《化学工业职业病防治工作管理办法》 45.《烟草行业消防安全管理规定》 46.《特种作业人员安全技术培训考核管理规定》 47.《乡镇露天矿场安全生产规定》 48.《带电作业技术管理制度》 49.《在用压力容器检验规程》

（四）安全法制建设的新特点和趋势

随着社会生产力的不断发展，世界各国、各地区经济相互联系、相互依赖、相互渗透，世界经济越来越成为一个不可分割的有机整体。全球化主要体现在：生产全球化、贸易全球化、金融全球化、投资全球化、区域性经济合作。2017年1月12日国务院办公厅印发了《安全生产“十三五”规划》（以下简称《规划》）。明确了“十三五”时期安全生产工作的指导思想、发展目标和主要任务，对全国安全生产工作进行了全面部署。《规划》的实施，对促进“十三五”时期安全生产工作稳步推进、实现安全生产持续好转具有重大意义。

1. 坚持一条红线——推动安全发展

党的十八大以来，习近平总书记作出了一系列重要指示、批示，深刻阐述了安全生产的重要意义、思想理念、方针政策和工作要求，强调始终坚持人民利益至上，坚守“发展决不能以牺牲安全为代价”的红线。李克强总理也多次就安全生产提出明确要求。这条红线是确保人民群众生命财产安全和经济社会发展的保障线，也是各级党委、政府及社会各方面加强安全生产的责任线。《规划》把红线意识作为指导安全生产各项工作的大方向、总战略，并将之凝练归纳为“安全发展”理念，强调大力弘扬安全发展理念，大力实施安全发展战略，把安全发展融入经济社会发展大局，贯穿于规划、设计、建设、管理、生产、经营等各环节。贯彻落实《规划》，首先要强化红线意识、底线思维，以此统领、指引各项工作。

2. 瞄准一个目标——为全面建成小康社会提供安全保障

安全生产事关人民群众福祉，事关经济社会发展大局，作为全面建成小康社会的重要内容，必须与全面建成小康社会的目标相适应。为此，《规划》强调大力提升整体安全生产水平，有效防范遏制各类事故，为全面建成小康社会创造良好稳定的安全生产环境，提出到 2020 年事故总量明显减少，重特大事故频发势头得到有效遏制，职业病危害防治取得积极进展，安全生产总体水平与全面建成小康社会目标相适应的总体目标，以及亿元国内生产总值生产安全事故死亡率、工矿商贸就业人员十万人生产安全事故死亡率等 9 项具体指标。

3. 坚持一个中心——坚决防范遏制重特大事故

当前，重特大事故多发，给人民群众生命财产安全造成重大损失。《规划》把坚决遏制重特大事故频发势头作为“十三五”时期安全生产工作的重中之重，提出加快构建风险等级管控、隐患排查治理两条防线，采取有效的技术、工程和管理控制措施，坚持预防为主、标本兼治、系统建设、依法治理，切实降低重特大事故发生频次和危害后果，最大限度减少人员伤亡和财产损失，并明确了煤矿、非煤矿山、危险化学品、道路交通等 17 个行业领域重特大事故防范的重点区域、重点环节、重点部位、重大危险源和重点措施。贯彻落实《规划》，一定要把上述措施落到实处，严格监管监察，强化风险管控，切实保障人民群众生命财产安全。

4. 贯穿一条主线——全面落实《意见》重大举措

2016 年 12 月，中共中央、国务院印发《关于推进安全生产领域改革发展的意见》（以下简称《意见》）。这是历史上第一次以党中央、国务院名义印发安全生产方面的文件，充分体现了以习近平同志为核心的党中央对安全生产工作的极大重视。《意见》科学谋划了安全生产领域改革发展蓝图，提出了 30 项具体措施。《规划》作为落实《意见》的重要举措，在编制过程中，始终注重加强与《意见》的衔接，细化、完善、分解了《意见》确定的各项目标、任务和工程，确保实现《意见》提出的到 2020 年实现安全生产总体水平与全面建成小康社会相适应的中期目标，为到2030年实现安全生产治理能力和治理体系现代化的长期目标打下坚实基础。贯彻落实《规划》，必须把握《意见》与《规划》的关系，按照《意见》确定的任务单、时间表和路线图，坚持全面推进与重点突破相协调、立足当前与谋划长远相结合，统筹实施、真抓实干、务求实效。

5. 注重三方责任——强化党委政府领导、部门监管、企业主体责任

习近平总书记多次强调要坚持“党政同责、一岗双责、齐抓共管、失职追责”和“三个必须”要求，严格落实安全生产责任制。这是我们党维护人民群众生命财产安全的政治使命和责任担当，是中国特色社会主义优越性的充分体现，也是促进安全生产工作最直接有效的制度力量。《规划》把“构建更加严密的责任体系”作为首要任务，强调建立安全生产巡查制度，实行党政领导干部任期安全生产责任制，加强地方各级党委、政府对安全生产工作的领导；依法依规制定安全生产权力和责任清单，完善重点行业领域安全监管体制，落实各有关部门安全生产监管责任；强化企业主体责任，加快企业安全生产诚信体系建设，完善安全生产不良信用记录及失信行为惩戒机制。《规划》实施过程中，要通过强化三者责任，特别是督促企业落实主体责任，凝聚共识、汇集动力、形成合力，构建安全生产齐抓共管格局。

6. 突出六大领域——抓好煤矿等重点行业领域依法监管和专项治理

习近平总书记多次强调对易发重特大事故的行业领域，要推动安全生产关口前移，深化重点行业领域专项治理，狠抓隐患排查、责任落实、健全制度和完善监管，加强安全生产监管执法和应急救援工作。其中，煤矿、非煤矿山、危险化学品、烟花爆竹、工贸、职业健康等六大领域，是防范遏制重特大事故的重点领域，更是各级安全监管监察部门推动安全生产依法治理的关键行业。针对六大领域，《规划》提出推动不安全矿井有序退出；开展采空区、病危险库、“头顶库”专项治理；坚决淘汰不符合安全生产条件的烟花爆竹生产企业；加快实施人口密集区域危险化学品和化工企业生产、仓储场所安全搬迁工程；严格烟花爆竹生产准入条件，实现重点涉药工序机械化生产和人机、人药隔离操作；推动工贸企业健全安全管理体系，深化金属冶炼、

粉尘防爆、涉氨制冷等重点领域环节专项治理；夯实职业病危害防护基础，加强作业场所职业病危害管控，提高防治技术支撑水平。各级安全监管监察部门应敢于担当、主动作为，从严、从实、从细抓好六大领域监管监察工作。

7. 落实八大工程——实施监管监察能力建设等八类重点工程

安全生产重在强基固本。习近平总书记强调，必须加强基础建设，从最基础的地方做起，实现人员素质、设施保障、技术应用的整体协调。为加强安全生产基层基础，《规划》充分发挥重点工程的载体作用，提出实施监管监察能力建设、信息预警监控能力建设、风险防控能力建设、文化服务能力建设等八大类80余项重大项目工程，加快完善各级安全监管监察部门基础工作条件，改造升级企业在线监测监控系统，建设全国安全生产信息和大数据平台，建成一批煤矿灾害治理、危化品企业搬迁、信息化建设、公路防护工程等重大安防、技防工程。《规划》实施过程中，各地区、各有关部门应加大对重大工程项目的投入和推进力度，积极落实各类重大项目前期建设条件，优先保障规划选址、土地供应和投融资安排，加快重大工程项目实施。

8. 做好四项保障——落实目标责任、投入机制、政策保障、评估考核

《规划》能否发挥成效，关键在于实施。为增强约束指导功能，防止出现“束之高阁”现象，《规划》提出落实目标责任、完善投入机制、强化政策保障、加强评估考核等四方面保障措施，要求各地区、各有关部门制定实施方案，明确责任主体，确定工作时序，加强中央、地方财政安全生产预防及应急等专项资金使用管理，吸引社会资本参与安全基础设施项目建设和重大安全科技攻关，推动建立国家、地方、企业和社会相结合的安全生产投入长效机制，并明确制定完善“淘汰落后产能企业及不具备安全生产条件企业整顿关闭、重点煤矿安全升级改造、重大灾害治理、烟花爆竹企业退出转产”等10余项经济产业政策。贯彻落实《规划》，各地区、各有关部门应当按照《规划》实施分工，完善综合保障条件、严格监督考核机制，营造良好的安全发展政策环境。

2020年底，随着“十三五”的收官，党的十九届五中全会通过的《中共中央关于制定国民经济和社会发展第十四个五年规划和二〇三五年远景目标

的建议》，确定了“十四五”时期我国经济社会发展的指导思想、目标任务和重大举措，擘画了未来五年我国发展的宏伟蓝图，是指导经济社会工作的纲领性文件。文中提出，基本公共服务均等化水平明显提高，全民受教育程度不断提升，多层次社会保障体系更加健全，卫生健康体系更加完善。要着力健全基本公共服务体系，加快健全覆盖全民、统筹城乡、公平统一、可持续的多层次社会保障体系。要深化教育改革，促进教育公平，建设高质量教育体系。要全面推进健康中国建设，完善国民健康促进政策，织牢国家公共卫生防护网，为人民提供全方位全周期健康服务。

七、安全管理理论体系

按照第四次工业革命的事故致因理论、安全系统工程等安全管理理论的发展，现代安全管理重心从人到物，再从物到人。安全价值观认同一致，守诺、负责，行为的自觉、自律是安全管理追求的更高境界。安全管理的各个方面均可归入安全文化的精神、制度、物态三个层面当中，有言道，管理和文化如硬币的正反两面，实为一体。建设良好的安全文化就是构筑坚强的安全风险防御大堤。众所周知，管理理论在很多方面都是相通的，不论是《戴明管理十四条原则》，以及 ISO 9000 标准发展至今总结的质量管理七项原则，还是《中华人民共和国安全生产法》（以下简称《安全生产法》）关于“安全生产工作应当以人为本，坚持安全发展，坚持安全第一、预防为主、综合治理的方针”的阐述，可以归纳出以下几点：

（一）以人为本

永远把安全第一放在首位，企业的发展不仅靠质量，还要靠安全健康的可持续发展。以人为本，安全管理的最终目的是保证人的安全，人是安全工作中最活跃、最重要的因素，安全工作安全管理有赖于全员参与（安全管理为了人，安全管理依靠人，人是安全事故的最主要因素）；积极参与或必要的安全培训中，核心是人员的安全素质及能力，且这个能力需要随着为适应要求、技术和环境等变化而持续提升等。

（二）领导作用

《安全生产法》明确要求“生产经营单位的主要负责人对本单位的安全生产工作全面负责”，这是从法律层面规定了最高管理者对本单位的安全生产工作全面负责，建立、健全安全生产责任制及进行相应的资源投入。例如：建立、健全本单位安全生产责任制；组织制订本单位安全生产规章制度和操作规程；组织制订并实施本单位安全生产教育和培训计划；保证本单位安全生产投入的有效实施；督促、检查本单位的安全生产工作，及时消除生产安全事故隐患；组织制订并实施本单位的生产安全事故应急救援预案；及时、如实报告生产安全事故等。

（三）全员积极参与

安全与整个组织内各级人员相关，需要全员积极参与配合。例如对于建立职业健康安全管理体系的组织，工作人员参与体系建设并做好协商，是保障全员参与的基础。例如通过参与危险源识别、风险评价、适用法律法规的识别评价、处理安全隐患和事故、反馈工作环境中的隐患等活动，每个人不仅是安全的“被管理者”，也成为安全工作的“管理者”。

（四）必要的安全培训

有计划地开展安全教育培训，针对不同层次、不同岗位的培训需求分级、分层进行。从安全教育培训入手，让组织的人员尤其是操作人员知安全、会安全、懂安全，并逐步做到从“要我安全”到“我要安全”。通过发挥组织各级人员的主观能动性，才能真正做好安全工作。

（五）消除妨碍基层员工参与安全管理的壁垒和障碍因素

任何妨碍员工参与安全工作的障碍或壁垒都要消除，并尽可能减少那些无法消除的障碍或壁垒。这些障碍和壁垒包括组织未回应员工的意见和建议，安全警示/告知中存在语言或读写障碍，对反映问题的员工进行报复或者威胁要报复，以及不鼓励员工参与安全活动，或者在政策和制度上惩罚员工对安全的诉求。

（六）安全检查及隐患排查

有效的定期检查是发现安全隐患的最好方法。经常性开展安全隐患排查，并切实做到整改措施、责任、资金、时限和预案“五到位”。安全隐患排查包括：全面排查安全生产基本条件、基础设施、技术装备、规章制度等方面存在的问题、隐患；对发现的问题和隐患，逐一落实责任领导、责任部门、责任人，制定措施，限期整改；深化重点领域安全专项整治，坚决防范重特大生产安全事故的发生；建立健全事故隐患分级治理的良性长效机制，夯实安全生产监管工作的基础。

（七）改进

成功的组织会持续关注改进。改进包括纠正措施、持续改进、突破性变革、创新和重组。纠正措施是通过消除危险源、用低危险性材料替代、重新设计或改造设备或工具、制定程序、提升受影响的工作人员的能力、改变使用频率、使用个人防护用品等。持续改进可能包括的项目有开发新技术、采用组织内部和外部的良好实践/案例、采纳相关方的意见和建议、用更少的资源（如简化、精简等）实现绩效改进。

第二章

安全文化

文化的内涵可以从广义和狭义两方面来说。广义上，指人类社会历史实践过程中所创造的物质财富和精神财富的总和。狭义上，指社会的意识形态，以及与之相适应的制度和组织机构。社会意识形态又指政治、法律、道德、哲学、宗教等。

文化的特性有很多，例如历史性，每一个社会都有与其相适应的文化，并随着社会物质生产的发展而发展；历史的连续性，社会物质生产发展的连续性是文化发展连续性的基础；以及文化的地域性、民族性和阶级性。随着人们生产活动的专业分工越来越多、越来越细，文化就有了行业性，出现了产业文化和企业文化，如航天行业的文化现象被人们亲切地叫作“航天文化”。

安全文化是持续实现安全生产的不可或缺的软支撑。随着社会实践和生产实践的发展，仅靠科技手段往往达不到生产的本质安全化，需要有文化和科学管理手段的补充和支撑；管理制度虽然有一定的效果，但是安全管理的有效性很大程度取决于管理者和被管理者对事故原因与对策是否达成一致性认识，取决于对被管理者的监督和反馈是否科学，取决于是否形成了有利于预防事故的安全文化。优秀的安全文化应体现在人们处理安全问题的机制和方式上，不仅能够弥补安全管理的漏洞和不足，而且对预防事故、实现安全生产的长治久安具有整体的支撑。倡导、培育安全文化可以使人们树立正确的安全观和安全理念，使被管理者在内心深处认识到安全是自己所需要的，而非别人所强加的；使管理者认识到不能以牺牲劳动者的生命和健康来发展生产，从而使“以人为本”落到实处，安全生产工作变外部约束为主体自律，以达到减少事故、提升安全水平的目的。[1]

一、安全文化的基本内涵

安全文化概念归纳起来一般有狭义和广义两种。狭义的定义强调文化或安全内涵的某一层面，例如人的素质、企业文化范畴等。国内学者对安全文化提出的定义：安全文化是安全价值观和安全行为准则的总和。安全价值观是指安全文化的内层结构，安全行为准则是指安全文化的表层结构。还有一种定义为：安全文化是社会文化和企业文化的一部分，特别是以企业安全生产为研究领域，以事故预防为主要目标。或者说，安全文化就是运用安全宣传、安全教育、安全文艺、安全文学等文化手段开展的安全活动。

广义的定义则是：在人类生存、繁衍和发展的历程中，在其从事生产、生活乃至实践的一切领域内，为保障人类身心安全（含健康）并使其能安全、舒适、高效地从事一切活动，预防、避免、控制和消除意外事故和灾害（自然的或人为的）；为建立起安全、可靠、和谐、协调环境和匹配运行的安全体系；为使人类变得更加安全、康乐、长寿，使世界变得友爱、和平、繁荣而创造的安全物质财富和安全精神财富的总和。安全文化是人类安全活动所涉及的安全生产、安全生活的精神、观念、行为与物态的总和。这种定义建立在大安全观和大文化观的基础上，安全观方面包括企业安全文化、全民安全文化、家庭安全文化等；文化观包括精神、观念等意识形态的内容，也包括行为、环境、物态等实践和物质的内容。安全文化的层次结构如图 2-1 所示。

---

[1] 成春节，谭钦文，章少康，等. 中小型企业员工不安全行为管理模式构建研究［J］. 安全，2019（7）：67-71.

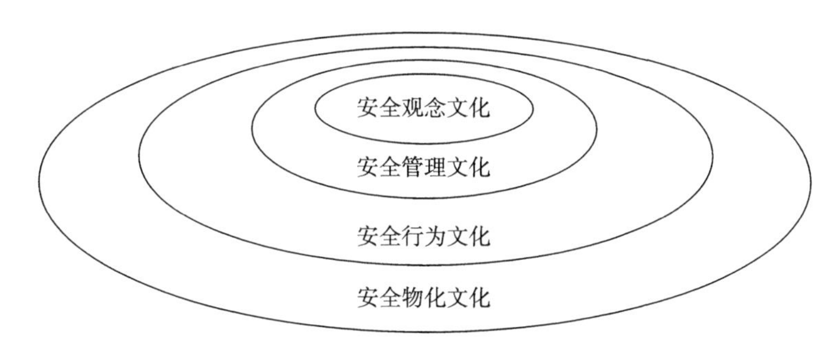

图 2-1　安全文化的层次结构

(一) 安全观念文化

安全观念文化主要是指决策者和大众共同接受的安全意识、安全理念、安全价值标准。安全观念文化是安全文化的核心和灵魂，是形成和提高安全行为文化、制度文化和物态文化的基础和原因。目前建立的安全观念文化有预防为主、以人为本、安全就是效益、安全性是生活质量、风险最小化、最适安全性、安全超前、安全管理科学化等，同时还有自我保护的意识、保险防范的意识、防患于未然的意识。

马斯洛提出人有五种基本需求：生理需求、安全需求、社交需求、尊重需求和自我实现需求五类，依次由较低层次到较高层次。其中生理需求的级别最低，对食物、水、空气和住房等需求都是生理需求，人们在转向较高层次的需求之前，总是尽力满足这类需求。一个人在饥饿时不会对其他任何事物感兴趣，他的主要动力是得到食物。安全需求包括对人身安全、生活稳定以及免遭痛苦、威胁或疾病等的需求。和生理需求一样，在安全需求没有得到满足之前，人们唯一关心的就是这种需求。对许多员工而言，安全需求表现为安全而稳定以及有医疗保险、失业保险和退休福利等。受安全需求激励的人，在评估职业时，主要把它看作不致失去基本需求满足的保障。社交需求：社交需求包括对友谊、爱情以及隶属关系的需求。当生理需求和安全需求得到满足后，社交需求就会突出出来，进而产生激励作用。在马斯洛需求层次中，这一层次是与前两层次截然不同的另一层次。这些需要如果得不到满足，就会影响员工的精神，导致高缺勤率、低生产率、对工作不满及情绪低落。尊重需求既包括对成就或自我价值的个人感觉，也包括他人对自己的认可与尊重。有尊重需求的人希望别人按照他们的实际形象来接受他们，并认为他们有能力，能胜任工作。他们关心的是成就、名声、地位和晋升机会。这是由于别人认识到他们的才能而得到的。当他们得到这些时，不仅赢得了人们的尊重，同时其内心因对自己价值的满足而充满自信。不能满足这类需求，就会使他们感到沮丧。如果别人给予的荣誉不是根据其真才实学，而是徒有虚名，也会对他们的心理构成威胁。自我实现需求的目标是自我实现，或是发挥潜能。达到自我实现境界的人，接受自己也接受他人。解决问题的能力增强，自觉性提高，善于独立处事，要求不受打扰地独处。要满足这种尽量发挥自己才能的需求，他应该至少已在某个时刻部分地满足了其他的需求。当然自我实现的人可能过分关注这种最高层次需求的满足，以至于自觉或不自觉地放弃满足较低层次的需求。

组织的需求在生存需求和安全需求方面是相同的，盈利（活下去）是组织的最基本需求，一个不能盈利的组织（政府和非营利组织除外）是没有存在的意义的，安全也是组织正常发展的必要前提，不管是外部环境还是内部员工，安全是企业发展之本。没有安全的外部环境，企业无法正常运营；同理，如果内部安全事故不断，耗费大量人力物力在安全隐患和事故处理中，企业也将无法承担其重负。

因此，培养企业和员工的安全观念文化，是满足企业与人的安全需求的重要手段，有了安全意识、风险意识，人们会把自我保护作为安全需求的最直接手段，自觉去遵守安全规章制度、行为准则，完成从“要我安全”到“我要安全”的质的转变。有了安全意识，间接培养了人的价值观，无论是财产安全还是人员安全，都是企业成本的价值体现，出现任何一种安全事故（设备和人员），都是财产损失。当安全价值观、观念的认同一致时，员工守诺、负责，组织行为的自觉、自律是安全管理追求的更高境界。

（二）安全管理文化

安全管理文化对社会组织（或企业）和组织人员的行为产生规范性、约束性影响和作用，集中体现在观念文化和物态文化对领导和员工的要求。安全管理文化的建设包括建立法制观念、强化法制意识、端正法制态度，科学地制定法规、标准和规章，严格执法程序和自觉地守法等。安全管理文化建设还包括行政手段的改善和合理化、经济手段的建立与强化等。

企业的安全管理体制包括企业内部的组织机构、管理网络、部门分工及安全生产法规与制度建设。企业制度文化作为企业文化中人与物、人与企业运营制度的中介和结合，是一种约束企业和员工行为的规范性文化，它使企业在复杂多变、竞争激烈的环境中处于良好的状态，促使企业员工在施工管理和实际操作中，严格执行企业各项施工管理制度、安全措施，从而保证管理目标的实现。制度文化是一定精神文化的产物，它必须适应精神文化的要求。人们总是在一定价值观的指引下去完善和改革企业各项制度的，企业的组织机构如果不与企业目标的要求相适应，企业目标就无法实现。卓越的企业总是经常用适应企业目标的企业组织结构去迎接未来，从而在竞争中获胜。

1. 企业管理文化蕴含安全管理文化的基因

企业管理文化是企业文化的重要组成部分，它是企业为实现自身目标对员工的行为给予一定限制的文化，它对员工具有共性和强有力的行为规范的要求。企业管理文化的规范性是一种来自员工自身以外的、带有强制性的约束，它规范着企业的每一个人，在企业管理文化中蕴含丰富的安全管理文化的基因，例如企业工艺操作规程、设备安全操作规程、厂规厂纪、安全生产责任制、经济考核奖惩制度都是企业管理文化的内容。

企业管理文化也是企业行为文化得以贯彻的保证。同企业职工生产、学习、娱乐、生活等方面直接发生联系的行为文化建设得如何，企业经营作风是否具有活力、是否严谨，精神风貌是否高昂，人际关系是否和谐，职工文明程度是否得到提高等，无不与管理文化的保障作用有关。

管理文化也是精神文化的基础和载体，并对企业精神文化起反作用。企业管理制度的建立，又影响人们选择新的价值观念，成为新的精神文化的基础。企业管理制度是企业为求得最大效益，在生产管理实践活动中制定的各种带有强制性的义务，并能保障一定权利的各项规定或条例，包括企业的人事制度、生产管理制度、民主管理制度等一切规章制度。

企业管理制度是实现企业目标的有力措施和手段。它作为职工行为规范的模式，能使职工个人的活动得以合理进行，同时又成为维护职工共同利益的一种强制手段。因此，企业各项管理制度，是企业进行正常的生产经营管理所必需的，它是一种强有力的保证。优秀企业文化的管理制度必然是科学、完善、实用的管理方式的体现。

2. 企业安全管理文化的重要作用

现代企业提倡人性化管理，在企业管理制度中处处“以人为本”。积极引导职工习惯性遵章，引导职工认识到安全生产意义重大。当职工真正以遵章为行为准绳时，习惯性违章也就自然而然被大家否定了。例如电力企业绝大部分事故的发生与人的不安全因素有关，如责任心不强、安全意识淡薄、制度执行不严等。企业要通过建设优秀的企业制度，大力提倡安全生产，处处以习惯性遵章为准绳，提高职工安全生产的主观能动性，营造一个以习惯性遵章为标准的安全生产氛围。生产中常常出现操作者违章作业，甚至生产管理者违章指挥。例如，电工不穿绝缘鞋进行带电作业而发生触电事故，或者分公司领导强迫没有带电作业监护资格证的监护人，临时去监护带电作业造成人身伤害等。人们在分析违章的原因时，常常指出“违章者缺乏遵守安全规章的自觉性”。据统计，近几年所发生的事故有 85% ~ 95% 是由违章操作、违章指挥和违反劳动纪律所造成的，这些“三违”现象，与人的文化素质有很大的关系。所以，建立规范的企业制度，可以大大提高管理的效率。如果一个企业建立起规范的安全制度，不论决策者层、管理者层还是一般职工，都会在安全制度的约束下规范自己的行为。

“没有规矩不成方圆”，建立优良的企业管理文化和安全管理文化，要结合实际将企业文化及安全文化价值观、理念贯彻到建立健全适宜、可操作、有效的制度及其实施中，做到有法可依、有法必依，执法必严，通过制度及其执行来实现认识、意识、思维与行为达到所需的必要统一，保证可接受的水平（底线）和追求更优，并成为习惯，变成企业的约定俗成、自觉、特征，充分发挥企业文化及企业安全文化的重要作用。

（三）安全行为文化

安全行为文化是指在安全观念文化指导下，人们在生产和生活过程中所表现出的安全行为准则、思维方式、行为模式等。行为文化既是观念文化的反映，同时作用于并改变观念文化。现代工业化社会需要发展的安全行为文化，有进行科学的安全思维、强化高质量的安全学习、执行严格的安全规范、进行科学的安全领导和指挥、掌握必需的应急自救技能、进行合理的安全操作等。

安全行为与事故关系密切，专家对现代工业事故的研究表明：70%以上的事故原因与人的因素相关。即人通过生产和生活中的行为直接或间接地与事故发生联系。安全行为科学就是揭示这一联系和规律的科学。通过对事故规律的研究，人们已认识到：生产事故发生的重要原因之一是人的不安全行为。因此，研究人的行为规律，以激励安全行为、避免和克服不安全行为，对于预防事故有重要作用和积极的意义。由于人的行为千差万别，影响人的行为安全的因素也多种多样：同一个人在不同的条件下有不同的安全行为表现，不同的人在同一条件下也会有各种不同的安全行为表现。安全行为科学的研究，就是要从复杂纷纭的现象中揭示人的安全行为规律，以便有效地预测和控制人的不安全行为，使作业者能按照规定的生产和操作要求活动、行事，以符合社会生活的需要，更好地保护自身，促进和保障生产的顺利进行，维护社会生活和生产的正常秩序。安全行为科学是把社会学、心理学、生理学、人类学、文化学、经济学、语言学、法律学等多学科基础理论应用到安全管理和事故预防的活动之中，为保障人类安全、健康和安全生产服务的一门应用性科学。安全行为科学的研究对象是社会、企业或组织中的人和人之间的相互关系以及与此相联系的安全行为现象，主要研究的对象是个体安全行为、群体安全行为和领导安全行为等方面的理论和控制方法。

安全行为科学的基本任务是通过对安全活动中各种与安全相关的人的行为规律的揭示，有针对性和实用性地建立科学的安全行为激励理论，并应用于提高安全管理工作的效率，从而合理地发展人类的安全活动，实现高水平的安全生产和安全生活。安全行为科学的目的是要达到控制人的失误，同时激励人的安全行为。后者更符合现代安全管理的要求。

安全行为文化包括遵守安全法规、执行安全标准、履行安全职责、遵守安全规程（或遵章守法，反对“三违”，自我管理，让安全成为习惯）。这是针对企业三个不同层次的员工来表述的：对企业“安全管理三类人员”来讲，应牢固树立“依法治安”的安全观念，即按安全法律、法规的要求来进行企业安全生产管理，做到企业安全管理不违法；对各级职能部门的管理人员来讲，应牢固树立“执行安全技术标准、规程和履行安全职责”的观念，即按国家、行业安全标准与施工规范、规程来组织施工，做到生产施工不违反各类施工规范和安全标准，工作中不违章指挥，切实履行个人岗位的安全职责；对作业层工人，应牢固树立“遵守安全操作规程”的观念，即按工种和机械设备的安全操作规程进行作业，工作中不违章作业。

每个员工都应自觉遵守安全法律法规和企业安全规章制度，在工作中规范自己的行为，做到不违章指挥、不违章作业、不违反劳动纪律；同时，在日常工作中要结合工作，努力学习安全技术知识，掌握安全技能，通过自我管理，逐渐养成良好的安全行为习惯。

（四）安全物化文化

安全物化文化是安全文化的表层部分，它是形成观念文化和行为文化的条件。从安全物化文化中往往能体现出组织和企业领导对安全认识和态度，反映出企业安全管理的理念和哲学，折射出安全行为文化的成效。所以说物质是文化的体现，又是文化发展的基础。对于企业来说，安全物化文化主要体现在：人类技术和生活方式与生产工艺的本质安全性；生产和生活中所使用的技术和工具等人造物与自然相适应有关的安全装置、仪器、工具等物态本身的安全条件和安全可靠性。

企业安全物化文化是指整个生产经营活动中所使用的保护员工身心安全与健康的工具、原料、设施、工艺、仪器仪表、护品护具等安全器物。例如：

护具护品：防毒器具、护头帽盔、防刺切割手套、防化学腐蚀毒害用具；防寒保温的衣裤，耐湿耐酸的防护服装；防静电、防核辐射的特制套装。

安全生产设备及装置：各类超限自动保护装置，自动引爆装置。超速、超压、超湿、超负荷的自动保护装置等。

安全防护器材、器件及仪表：阻燃、隔声、隔热、防毒、防辐射、电磁吸收材料及其检测仪器仪表等；本质安全型防爆器件、光电报警器件、热敏控温器件、毒物敏感显示。

监测、测量、预警、预报装置：水位仪、泄压阀、气压表、消防器材、烟火监测仪、有害气体报警仪、瓦斯监测器、雷达测速、传感遥测、自动报警仪、红外控测监测器、音像监测系统等；武器的保险装置、自动控制设备、电力安全输送系统。

其他安全防护用途的物品：微波通信站工作人员的防护，激光器件及设备的防护，乃至保护人们的衣食住行、娱乐休闲安全需用的一切防护物件及用品；防化纤织物危害的保护剂，消除静电和漏电的设备，防食物中毒的药品，防增压爆炸、防煤气浓度超标自动保护装置；机床上转动轴的安全罩、皮带轮的安全套，保护交警和环卫工人安全的反光背心，保护战士和警察安全的防弹服等。还有其他一些研制或开发的新型护品、护具、设备、器具、材料、物品等。

二、安全和安全文化内涵的延展

生命和健康安全是人的最基本、最根本的利益和人权（安全权），这是人类的共识。随着生产的不断发展，基于劳动者的自我保护本能、经营者利他利己的动机、生产安全与社会和国家安全、利益的关系越来越密切，生产安全成为劳动者、经营者和各国政府及相关组织关注的问题，安全技术、管理法制从落后状态逐步发展、成熟、完善起来。我国的安全生产也是从将煤炭、石油化工、金属冶炼等高风险行业作为重点抓起，逐步推广到民用和军用产品研制生产和服务各领域。

随着社会的进步、安全生产水平的提高和人的安全需求发展，以及经济全球化，影响人们安全感和安全的，除生产、交通、环境等直接影响生命和健康的安全因素外，其他方面的因素如经济安全、政治安全、国防安全等也越来越凸显，且各种因素相互关联，关系复杂。至今，安全概念的内涵正在从生产安全向更广（横向，如经济、政治、国防）和更深（纵向，如社会保障、社会安全）方向延伸发展。

安全文化承载着重要的历史使命，随着社会的进步、经济的发展，全社会对劳动生产本质安全的要求不断提高。安全文化的建设是全社会的，具有“大安全”的内涵。安全文化可以分为社会公共安全文化与企业安全文化两部分。企业是社会创造物质文明和精神文明最为重要的基地和力量，企业安全文化是安全文化最为重要的组成部分。企业安全生产主要关心的是企业安全文化的建设。企业安全文化与社会公共安全文化相互联系，相互作用，形成全社会的安全发展观。

习近平总书记指出，中国的总体安全以人民安全为宗旨，以政治安全为根本，以经济安全为基础，以军事、文化、社会安全为保障，以促进国际安全为依托，走出一条中国特色国家安全道路。安全文化建设需要坚持群众性和大众化、灵活性和多样化，以及科学性和系统化的原则。安全文化是人类的共同财富，让工作变得更安全、更健康、更愉快是人民共同的企盼和追求。

党的十八大以来，党中央、国务院空前重视安全生产工作，习近平总书记 7 次主持中央政治局常委会和 1 次中央政治局专题学习会，就安全生产工作发表重要讲话，先后 30 余次作出重要批示。2016 年 10 月 11 日，习近平总书记主持召开中央全面深化改革领导小组第 28 次会议审议通过了《中共中央国务院关于推进安全生产领域改革发展的意见》，深刻阐述了安全生产的重大理论与现实问题，既指明战略方向，部署了“过河”的任务，又明确战术要求，指导如何解决“桥或船”的问题。其基本要求可以概括为“坚守一条红线、把握两个导向、坚持五项原则”。

坚守一条红线：党的十八大之后，习近平总书记首先明确提出并一再强调，发展决不能以牺牲安全为代价，这是一条不可逾越的红线。把握两个导向：一是目标导向。党中央、国务院审时度势，提出到 2020 年实现安全生产总体水平与全面建成小康社会相适应，到 2030 年实现安全生产治理能力和治理体系现代化的目标任务。这“两步走”的战略目标明确了安全生产领域改革发展的主要方向和时间路线。二是问题导向。当前我国仍处在新型工业化、城镇化和农业现代化持续推进的过程中，企业生产经营规模不断扩大，传统和新型生产经营方式并存，各类事故隐患和安全风险交织叠加，生产安全事故易发多发，一些事故由高危行业领域向其他行业领域蔓延，直接危及生产安全和公共安全。坚持五项原则：一是坚持安全发展。要始终坚持生命至上、安全第一，确保经济社会持续健康发展。二是坚持改革创新。要与时俱进，推动安全生产工作适应新情况、新要求。三是坚持依法监管。要顺应经济社会发展的大势，由行政管控为主向依法治理为主转变，实现我国安全生产治理体系和治理能力的现代化。四是坚持源头防范。要坚持谋划在前、预防在先，建立和实施超前防范的制度措施，牢牢把握安全生产工作的主动权。五是坚持系统治理。坚持系统论的思想，标本兼治、综合施策、多方发力，构建齐抓共管、系统治理的安全生产保障网。这五项原则，全面贯彻了“五位一体”总体布局和“四个全面”战略布局的部署，体现了五大发展理念的要求，是进一步加强安全生产工作的根本遵循。

三、安全文化关注点发生变化

党的十九大报告在“贯彻新发展理念，建设现代化经济体系”中明确提出“树立安全发展理念，弘扬生命至上、安全第一的思想，健全公共安全体系，完善安全生产责任制，坚决遏制重特大安全事故，提升防灾减灾救灾能力”。

笔者在分析各种各样的防范事故发生的措施和事故发生原因时发现，除考虑安全技术、安全设施外，还有人的安全知识、安全技能，以及人的观念、态度、品行、道德、伦理、修养等基本的人文因素，这些深层的人文背景直接影响和决定着人的安全意识、安全素质和安全行为。

在安全技术与管理水平进一步发展提升后，安全需求的变化，将促使安全的关注点从保障劳动者的免受生命和身体伤害（死亡和肢体器官伤残）基础上，进一步向保障劳动者身心健康方面发展。这将对国家的安全生产和职业病防治的相关法律法规、生产经营单位的安全管理制度提出新的研究和改进方向。

而且随着安全意识的增强、防护以及风险控制措施的应用、安全水平的提高，安全风险关注点逐步变化，从关注显明的死亡、伤残、身体器官上的职业病（物理）硬伤（安全）上升到关注如肌肉拉伤等隐性及慢性身体组织损害（健康）、心理压力及负面情绪的心理健康等。

各个国家和组织现有安全水平不同，其关注点也不同。譬如，法国将职业病分级为 114 种，其内涵扩展到一线员工，如肌肉疲劳、肌肉拉伤，以及办公室职员压力职业病（心理压力、过度疲劳、受辱）等。我国安全生产的关注点正在从“安全”走向“健康”。譬如，2013 年国家卫生计生委、人力资源社会保障部、安全监管总局、全国总工会四部门联合印发的《职业病分类和目录》（替代 2002 年 4 月发布的《职业病目录》），明确了职业性尘肺病及其他呼吸系统疾病、职业性皮肤病、职业性眼病、职业性耳鼻喉口腔疾病、职业性化学中毒、物理因素所致职业病、职业性放射性疾病、职业性传染病、职业性肿瘤和其他职业病 10 类 132 种，较以往增加和修改了职业病种类及名称，但基本仍是“硬伤”范畴。GB/T 28002—2011《职业健康安全管理体系　实施指南》的附录（C. 4）中就提到了社会心理危险，即负面心理状态（精神状态），包括一些情况下的应激、焦虑、疲劳或沮丧等。

今天的安全文化建设，有了新的意义和特色：突出以人为本的安全管理原则。在安全管理中，对人的因素的认识，具有更深的理解，使得为预防事故所实施的人员管理，更加深入、科学、人性化、亲情化。重点是要解决人的人文素质问题，提倡和要求全社会和全民参与。因为人的深层的、基本的安全素质需要从小培养、全民教育，全民的安全素质需要全社会的努力。

安全文化建设更具有系统性。企业安全文化建设不仅包括安全宣传、管理、教育、文化、文艺、经济等软件建设，还包括安全科技、安全工程、安全设备、工具等硬件建设，因此具有综合性、全面性和可操作性。在人类的安全手段和对策方面，企业安全文化建设是企业预防事故的基础性工程，具有保障人类安全生产和安全生活的战略性意义。

四、安全文化与组织文化的关系

组织文化有广义和狭义之分。广义上来说，组织文化是指企业在建设和发展中形成的物质文明和精神文明的总和，包括组织管理中的硬件和软件、外显文化和内隐文化两部分。狭义地讲，组织文化是组织在长期的生存和发展中所形成的为组织所特有的，且为组织多数成员共同遵循的最高目标价值标准、基本信念和行为规范等的总和及其在组织中的反映。具体地说，组织文化是指组织全体成员共同接受的价值观念、行为准则、团队意识、思维方式、工作作风、心理预期和团体归属感等群体意识的总称。

组织文化是组织成员的共同价值观体系，它使组织独具特色，并区别于其他组织。这种价值观体系是组织所重视的一系列关键特征，也是其本质所在。不同的企业会呈现出不同的组织文化，以适应企业的发展需要。按照各类企业的文化特点，组织文化可分为以下四种类型：

一是学习型组织文化：企业提倡学习，并为员工提供大量的培训，以将员工培养成各种专业人才。例如IBM、宝洁、通用等企业就是这种类型的组织文化。

二是俱乐部型组织文化：企业比较重视适应、忠诚和承诺，强调员工的资历及全面才能，它认为管理人员应该是通才而不是单一专业人才。例如UPS、政府机构和军队等就是这种类型的组织文化。

三是创新型组织文化：企业强调冒险与创新，并提倡高产出高回报，鼓励拼搏精神。例如软件开发、银行投资类企业就属于此类型。

四是保守型组织文化：企业强调企业的生存，有较多的条条框框来要求员工，希望员工是遵守纪律的、循规蹈矩的。例如林业产品公司、能源探测公司等企业就属于此类型。

与企业生产安全有关的文化内容、组织文化包括以下方面。

安全文化。安全文化是指直接为生产安全服务的文化，是保护劳动者生命安全和身体健康的文化。用劳动者喜闻乐见、形式多样、内容丰富的形式，贴近生产、贴近生活，容易被大众理解和接受，通过宣传安全生产的法律法规、方针政策，传播安全知识，提高劳动者的安全意识和安全技能，改善劳动者工作、生产的环境和质量，是安全文化的优势和重任。在当前社会活动中，企业是安全文化的主要建设方和实施方，尤其在制造行业，企业安全文化是安全文化建设的核心。

质量文化。质量文化是指企业在生产经营活动中所形成的质量意识、质量精神、质量行为、质量价值观、质量形象以及企业所提供的产品或服务质量等的总和。企业质量文化是组织文化的核心，而组织文化又是社会文化的重要组成部分。质量文化的形成和发展反映了组织文化乃至社会文化的成熟程度。组织文化是安全文化的空气和土壤，而安全（性）是质量的特性之一，是质量内涵和质量工作的组成部分，因此产品和工作质量是安全的保证。

安全文化作为组织文化的一部分，蕴含组织文化的基因，也可以说组织文化是组织安全文化的土壤和空气，没有良好的组织文化，难以建设良好的安全文化，通过质量文化建设可以推动、促进组织文化建设。

在大的组织文化之中，质量、安全、其他子系统文化是相互交叠的，如图 2-2 所示。交叠的核心在于组织价值观、责任承诺与守约守信。

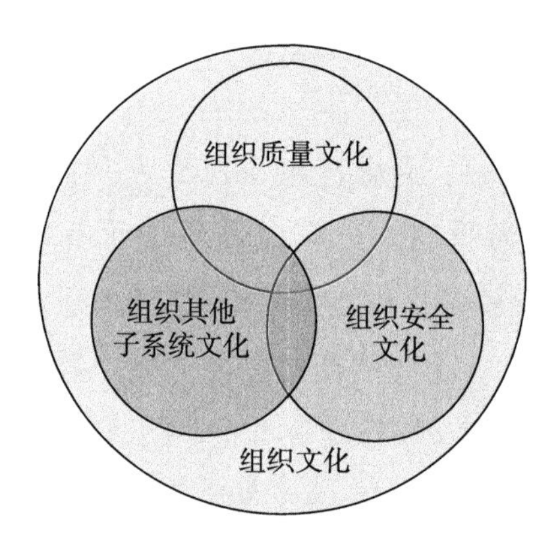

图 2-2　组织文化各子系统之间的关系

五、安全文化建设

安全文化建设归根结底是安全价值观念的塑造，其核心就是安全观念文化的建设。安全观念文化是人们在长期的生产实践活动过程中所形成的一切反映人们安全价值取向、安全意识形态、安全思维方式、安全道德观等精神因素的统称。安全观念文化是安全文化发展的最深层次，是指导和明确企业安全管理工作方向和目标的指南，是激发全体员工积极参与、主动配合企业安全管理的动力。

安全管理的实践经验表明，受科学技术发展水平的限制，完全保证系统、设备或元件的绝对安全是不可能的，依靠严格的安全管理、完善的法规制度、健全的监管网络，仍然无法杜绝事故的发生。因此，只有超越常规方法，通过安全观念文化的培养与熏陶，使员工从内心深处形成“关注安全、关爱生命”、自觉自发保安全的本能意识，才能最终实现根本安全。

对企业来说，企业安全价值观是企业安全观念文化的集中体现，人们在安全工作以及安全管理中的思想、认识、观念、意识等，将指导员工的行动方向和行动效果。

（一）企业安全文化建设

AQ/T 9004—2008《企业安全文化建设导则》和 AQ/T 9005—2008《企业安全文化建设评价准则》由原国家安全生产监督总局于 2008 提出发布，适用于开展安全文化建设工作的各类企业，作为其促进自身安全文化发展的工作指南。标准对具有下列愿望的企业尤为重要：①以严格的安全生产规章或程序为基础，实现在法律和政府监管符合性要求之上的安全自我约束，最大限度地减小生产安全事故风险；②为寻求和保持卓越的安全绩效作出全员承诺并付诸实践；③自己确信能从任何安全异常和事件中获取经验并改正与此相关的所有缺陷。标准给出了企业安全文化的明确定义：被企业组织的员工群体所共享的安全价值观、态度、道德和行为规范组成的统一体。并提出企业安全文化建设基本要素包括以下八个方面：

一是安全承诺：包括安全价值观、安全愿景、安全使命和安全目标等在内的安全承诺。

二是行为规范与程序：企业内部的行为规范是企业安全承诺的具体体现和安全文化建设的基础要求。企业应确保拥有能够达到和维持安全绩效的管理系统，建立清晰界定的组织结构和安全职责体系，有效控制全体员工的行为。

三是安全行为激励：企业在审查和评估自身安全绩效时，除使用事故发生率等消极指标外，还应使用旨在对安全绩效给予直接认可的积极指标。

四是信息传播与沟通：利用各种传播途径和方式，提高传播效果。

五是自主学习与改进：建立有效的安全学习模式，实现动态发展的安全学习过程，保证安全绩效的持续改进。

六是安全事务参与：全体员工都应认识到自己负有对自身和同事安全做出贡献的重要责任。员工对安全事务的参与是落实这种责任的最佳途径。

七是审核：企业应对自身安全文化建设情况进行定期的全面审核。

八是评估：在建设安全文化过程中及审核时，应采用有效的安全评估方法，关注安全绩效下滑的前兆，给予及时的控制和改进。

企业安全文化建设的总体模式如图 2-3 所示。

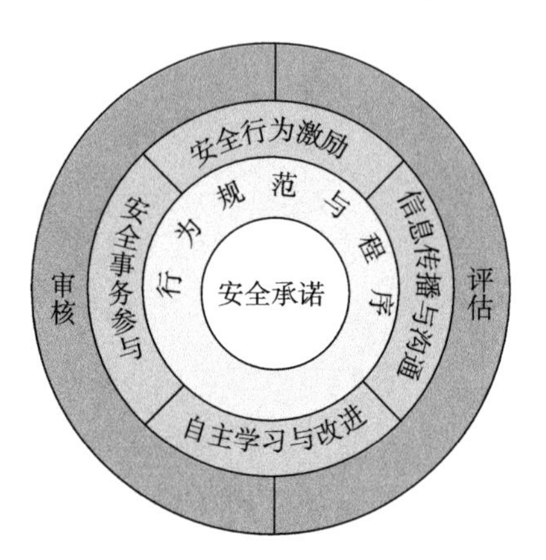

图 2-3 企业安全文化建设的总体模式

安全文化是存在于单位和个人中的种种特性和态度的总和。它建立一种超出一切之上的观念，例如核电厂安全问题，由于它的重要性要保证得到应有的重视。在措辞严谨的“安全文化”的表述中，有三个方面的内容：

①强调安全文化既是态度问题，又是体制问题，既和单位有关，又和个人有关，同时还牵涉在处理所有相关安全问题时所应该具有的正确理解能力和应该采取的正确行动。也就是说，它把安全文化和每个人的工作态度和思维习惯以及单位的工作作风联系在一起。

②工作态度和思维习惯以及单位的工作作风往往是抽象的，但这些品质却可以引出种种具体表现，作为一项基本任务，就是要寻求各种方法，利用具体表现来检验那些内在隐含的东西。

③安全文化要求必须在正确履行所有安全重要职责时，具有高度的警惕性、实时的见解、丰富的知识、准确无误的判断能力和高度的责任感。

（二）安全文化建设的重要性

企业安全文化建设是安全系统工程和现代安全管理的一种新思路、新策略，也是企业预防事故的重要基础工程。通过工业安全原理和事故预防原理的研究，保障企业的安全生产需要从人、物、环境、管理这四个要素全面考虑，而且人的因素是最基本的。对人的因素进行有效的控制，是企业预防事故、保证安全生产的基本，也是安全文化建设的出发点。安全文化建设既关注人的知识、技能、意识、思想、观念、态度、道德、伦理、情感等内在素质，又重视安全装置、技术工艺、生产设施和设备、工具材料、环境等外在条件。

安全文化的核心是人与自然的和谐、安全价值观和行为准则的体现，安全文化的宗旨是着力实现人类社会的可持续发展。在全社会积极倡导珍惜生命、保护生命、尊重生命、热爱生命、提高生命的质量是安全文化发展的动力。而安全文化建设则是以人为本，体现人文思想，弘扬人本主义，彰显人性理念，以人的安全和职业健康为出发点和落脚点。

在安全生产的实践中，人们发现，对于预防事故的发生，仅有安全技术手段和安全管理手段是不够的。当前的科技手段还达不到物的本质安全化，设施设备的危险不能根本避免，因此需要用安全文化手段予以补充。安全管理虽然有一定的作用，但是安全管理的有效性依赖于对被管理者的监督及其反馈。然而，由管理者无论在何时、何事、何处都密切监督每一位职工或公民遵章守纪，就人力物力来说，几乎是一件不可能的事，这就必然带来安全管理上的疏漏。被管理者为了某些利益或好处，例如省时、省力、多挣钱等，会在缺乏管理监督的情况下，无视安全规章制度，“冒险”采取不安全行为。因为并不是每一次不安全行为都会导致事故的发生，这会进一步强化这种不安全行为，并可能“传染”给其他人。不安全行为是事故发生的重要原因，大量不安全行为的结果必然是发生事故。安全文化手段的运用，正是为了弥补安全管理手段不能彻底改变人的不安全行为的先天不足。

安全文化的作用是通过对人的观念、道德、伦理、态度、情感、品行等深层次的人文因素的强化，利用领导、教育、宣传、奖惩、创建群体氛围等手段，不断提高人的安全素质，改进其安全意识和行为，从而使人们从被动地服从安全管理制度，转变成自觉主动地按安全要求采取行动，即从“要我遵章守法”转变成“我要遵章守法”。

“安全文化”对“文化”和“安全”这两个词使用频率极高，原本十分浅显易懂的概念似乎有了与以往大不一样的新的含义。单从词语看，“安全”与“文化”是两个不同的词语，但从本质上看，安全就是一种文化。在当今充满现代气息的浩如烟海的人类文化宝库中，安全文化又是其重要组成部分。它是保护生产力、发展生产力的重要保障，是社会文明、国家综合实力的重要标志；它是当代科技开发与社会发展的基本准则，是人文伦理、文化教育等社会效力的体现。

（三）科研生产组织安全文化建设的特点

安全文化建设作为提升企业安全管理水平、实现企业本质安全的重要途径，是一项惠及职工生命与健康安全的工程。着力加强企业安全文化建设，推动安全文化建设示范工程，加强安全文化阵地建设，创新形式，丰富内容，形成富有特色和推动力的安全文化，为实现我国安全生产状况根本好转创造良好的社会舆论氛围。安全文化建设的重点内容是：推进安全文化示范单位创建，完善评价体系，发挥示范单位的引领作用。安全文化建设工作是作为企业安全基础的班组建设的重要内容，要构建企业班组安全文化建设体系。

2015—2020 年是“十三五”规划的全面建成小康社会的决胜阶段。回顾过去，“十三五”规划对于中国内外部经济、政治环境和社会发展阶段的判断是基本符合实际情况的。2020 年 9 月 22 日，习近平在主持召开教育文化卫生体育领域专家座谈会时，提出了“十四五”时期，要把文化建设放在全局工作的突出位置，切实抓紧抓好。

安全文化建设，培养的是一种社会公德。它最终的作用是通过文化的长久浸润和积累，使企业领导和全体职工都形成“安全第一”的意识、“生命高于一切”的道德价值观、遵纪守法的思维方式、遵守规章制度的习惯方式和自觉行动；使各单位形成预防为主的政治智慧、以人为本的责任意识、依靠科技支撑保障本质安全的科学眼光、沉着应变的应急指挥能力和素质积累、监管员工服务的行为操守。同时，也使安全生产的单位和个人受到尊重，使违法乱纪、制造事故者受到应有的惩罚，从而促进企业的持续、稳定、安全发展。

我国军工行业追求精益安全管理，即安全工作要以作业现场为中心，以人的行为控制为重点，以流程优化为手段，以绩效改进为目的，突出追根究底和精细化。精益安全管理与传统安全管理的主要区别在于其思维方式和工作的切入点、着眼点的不同。所有这些不同，其实都源自不同的管理理念。

1. 价值创造理念

一说到安全，很多人在认识上有一个误区。认为企业安全管理“只有投入，没有产出”，是一桩赔本的买卖。这是对安全管理实质的一个极大误解。之所以产生这样的误解，主要有三个方面的原因：一是把安全与生产、质量、成本等相提并论，安全被看作一个专业。与其他专业相比，安全对企业的效益是没有贡献的或是负面的贡献。其实，无论对企业还是个人，安全是最根本的基础和前提。二是被眼前的利益蒙住了眼睛，因对安全工作漠视而招来灭顶之灾的例子比比皆是，例如，组织为了追求产量，设备带病运行、人员违章作业的现象见怪不怪。三是没有衡量安全管理的效益的有效方法，我们一直在讲“人的生命是无价的”“安全是最大的效益”等，但具体到安全管理能给企业带来的好处都有哪些，除人的生命和健康以外还有什么好处，通常缺乏显性化、量化的度量方法、准则与结果。不妨做一些计算，例如去年，各类工伤事故造成的直接经济损失是多少？间接损失是多少？开展各类安全管理活动给企业带来的收益是多少？

树立精益安全管理的价值创造理念，首先要算清“三笔账”：

①事故损失额=直接损失+间接损失（直接损失包括医疗费、赔偿费、补助费、财产损失、其他费用。间接损失包括停工损失费、生产恢复费用、其他相关费用等）。

②管理增收额=直接收益（包括因开展安全管理活动进行的质量改善、成本改善、生产效率提高、降低设备故障等项目带来的可计算的收益额）。

③安全综合效益=管理增收额-事故损失额-安全成本+美誉度（安全成本是指用于安全管理活动的资金投入，包括各种安全奖、隐患整改资金、事故演练费用、事故预防费用等。美誉度是指专业评估机构对企业品牌价值评估中安全美誉部分所占的估价额度）。

需要指出的是，以消除缺陷和现场浪费为抓手的精益安全管理，带来的收益不仅是人的安全意识的提高，隐患的排除和事故的减少，同时也能带来相应的经济效益的提高。

2. 主动关爱理念

主动关爱的理念以前很少被人们所重视。所谓主动关爱，其含义是“在一个组织背景下，一种能使其他员工的安全尽可能得到充分保障的员工行为”。主动关爱理念主要包含三个层次的关怀：一是组织对员工的关爱。比如，员工的作业环境的改善和劳动条件的改善，夏季的防暑降温措施，员工的职业健康与卫生措施，等等。二是上级对下属的关爱。比如，对下属安全行为的直接指导，对一直保持安全工作状态的员工的表彰和奖励，等等。三是员工之间的相互关爱。比如，发现自己身边的员工有任何不安全行为和缺陷时，能及时地纠正、制止和劝阻等。比起安全管理人员的专门检查，员工之间的主动关怀更能够适时地、全面地、准确地发现和纠正工作中的不安全行为。

我们非常熟悉以人为本的理念，主动关爱理念是人本理念的具体体现。它们的不同之处在于：以人为本的理念更全面、更宏观一些，而主动关爱理念更“草根”、更易操作一些。

3. 自愿自主理念

现在的安全管理上经常有一些现象：“现在安全管理越来越不好干了，什么办法都用过，刚开始还管点用，过后很快就没有什么效果了；有些办法在别的企业好使，为什么到了我们的企业就不好使了呢？”这几年，大家想了很多办法，下了不少力气，总感到效果不那么如意。为什么安全管理费了不少劲，效果却不明显呢？

仔细想想，我们过去采用的哪些办法基本上属于“管理驱动”一类的办法？诸如加强安全管理、加大考核力度、要求……必须……之类。下属和员工是被迫去做的，不做不行。他们是不是愿意去做，我们其实并不是十分清楚。即使我们知道他不愿意，为了组织和员工的安全大局，我们也必须要求员工这么做。下属被迫去做，员工处于被动应付的状态，这正是当前大部分企业安全管理效果不尽如人意的根源。

精益安全管理有一个非常重要的理念叫作“自愿自主理念”。“自愿”是针对员工个人的；“自主”是针对基层组织的。准确的理解和实施自愿自主理念是解决当前安全管理工作诸多困惑的“对症良药”。很多问题的根源来自“强迫”。如何调动员工主动参与、自愿参加的积极性，如何提高基层组织自主管理的能力，是当前企业安全管理的两大课题。

4. 改善优先理念

为了防止事故再发生，我们要采取一系列防范措施，在这些措施当中，安全管理有一个重要的原则叫“3E”原则。即采取教育培训措施（Education）：利用各种形式的教育和训练，使职工树立“安全第一”的思想，掌握安全生产所必需的知识和技能；惩治管理措施（Enforcement）：借助于规章制度、法规等必要的行政乃至法律的手段约束人们的行为；工程技术措施（Engineering）：运用工程技术手段消除不安全因素，实现生产工艺、机械设备等生产条件的安全。强调在这些措施当中哪些措施是最可靠、最有效的，它们的优先顺序是什么。

精益安全管理倡导“改善优先理念”，提倡工程技术措施优先的原则。

精益安全管理认为：人的行为的错误是造成事故的最重要原因，采取教育培训措施、管理惩治手段等规范人的行为，无疑是很重要的。但是，人的行为具有很大的不确定性，人的情绪、身体状态、外部影响等都会影响到人的行为。

在“3E”措施当中，工程技术措施是本质化安全措施。在现场应优先实施技术改造、机构和装置的创新以及各类现场改善。在工程技术措施的基础上，配合教育培训措施、制度管理措施等。

5. 安全体现在行动上

有些企业有安全防护设施、安全规章制度，但佩戴安全带，遵守安全规章制度，却仍然起不到安全作用。例如，在登高作业中要求佩戴安全带，大家都佩戴了，但是在作业施工时安全带挂在哪儿？事先没有人考虑，现场会造成披着安全带找不到挂点。安全带往往是个摆设，久而久之，大家就不严肃了。隐患，往往隐藏在细节里；安全，最终要体现的行动上。

6.“我的”安全时间

安全管理要“全员参与”的道理大家都懂得。安全管理是“一把手工程”大家也是赞同的。“安全第一”的位置和安全在单位的重要地位大家也是非常重视的。由于没有具体明确的工作项目和内容，就会出现安全“说起来重要、干起来次要、忙起来不要”的现象。

任何一项管理工作，一旦失去了主动，就不可能搞好。德鲁克曾讲过：“企业的战略在哪里，管理者的时间就在哪里。”各级管理者要落实对安全工作的“参与”，首先要落实“我的安全时间”。

比如，精益安全管理给厂长设计的“安全时间”是每月7小时，即厂长“1111安全行动方案”：每月1次安全希望观察，时间30分钟；每月1次带队进行安全综合大检查，时间120分钟；每月1次安全工作例会，时间90分钟；每月举行1次面对4个班次员工的厂长安全讲话，时间4个45分钟。为车间主任和作业班长设计的“安全时间”是每月12小时，即“1112安全行动方案”：每天1次重点危险源检查，时间4小时/月；每周1次安全行为观察，时间2小时/月；每月1次安全工作例会，时间2小时/月；每月2次现场改善发表会，时间4小时/月。

精益安全管理关于管理者“安全时间”的理念，就是要把全员参与安全管理的行为具体落到实处。

7. 素质低，不是员工的错

很多单位的管理者常常抱怨：“安全工作搞不好，主要是员工的素质太低。”国有企业抱怨新工人不上进、不好管；民营企业抱怨员工文化程度低，昨天刚放下锄头，今天就来到工厂；某主流媒体抱怨2013年秋季北京国际马拉松赛，起跑的枪声过后，留下的是一片垃圾和“尿红墙”……但一个更为现实的问题是，作为管理者，我们为改变作了哪些努力？比如2014年春季北京国际马拉松赛场，在起点配备了200个流动厕所，据报道“尿红墙”事件就有效消除了。

基于这样一个视角，精益安全管理认为：“素质低，不是员工的错。”管理者的责任首先是要营造一个规范员工行为的管理环境，指导员工、培训教育员工，不断提高员工的技能和素质。

8. 管理者，首先是培训师

精益安全管理认为："自己的孩子不能靠别人养。"提高员工的素质和技能主要靠现场指导和在岗培训。管理者，首先是培训师。企业高管，每年不低于100张PPT；中层管理者每年不低于300张PPT；基层管理者每年不低于1000张PPT。上级要培训下级。

培训的时间可化整为零，灵活安排；培训的地点可因地制宜，就地取材；培训的教材要量身定制，自编为主。职工培训教育的关键是统筹计划和激励机制。

9. 让员工学会动脑筋

精益化管理源于20世纪50年代日本丰田汽车公司的精益生产，丰田生产方式要求员工不仅要乖乖地干活儿，更主要的是在干活儿时要动脑筋，要不断发现现行作业标准中的问题和不足之处，为改正这个问题点，在那里做出标记、写写画画，提出改善提案，待批准后实施改善。长此以往，持续改进。

精益安全管理认为：问题好像在员工身上，其实，问题的根源在管理者身上。比如，我们组织的安全活动内容是什么？学习公司文件、传达会议纪要、分析外厂事故案例等，基本上是老生常谈，或没有新意，或与我没有太大关系。作为员工，应该关心"三件事"，即：①有意思的事；②自己身边的事；③与自己有关的事。要想让员工积极主动地参与到企业的管理活动中来，就要动脑筋开发员工感兴趣的方式、对员工有用的内容、对员工有好处的活动。

10. 做一名"有感领导"

随着时代的进步，安全管理也随之发生着变化和转型。比如，从"制度管理"到"自主管理"转变；从"重奖重罚"到"预防预控"转变；从"关注结果"到"控制过程"转变；从"隐患检查"到"行为观察"转变；从"单向推动"到"双向互动"转变。领导者的作风也在发生着某些变化，比如从"强硬作风"到"有感领导"转变。

所谓有感领导，就是让员工看到、听到、感受到领导发自内心地重视安全，并在实际工作中身体力行。有感领导是发自内心地尊重生命，重视安全，其言行是一致的，不因工作的松紧忽视安全。身先士卒的领导往往因为自己的技术能力强，自己可以完成紧急任务不会出现安全问题，从而导致下属员工为完成任务而违反规章。有感领导自己可能不会具体操作，但十分重视具体技能，要求规范操作、任何行为都要符合安全原则。

有感领导不会认为自己比员工技术能力强，给员工提出问题，而多是建议，让员工去思考如何改进自己的工作，不是直接要求员工按照自己的要求去做。是“引导式”，而不是“命令式”。

有感领导的行为是激发员工发挥自己的主观能动性，去安全地做好自己的工作。激发实际操作者，对规章、程序、规范等知其然，并知其所以然，并在实际执行中严格遵守。

有感领导带兵的同时在培养兵，带出的兵不是呆若木鸡，是有头脑、有思想的兵。正像培根说的那样：“严苛导致恐惧，粗暴促生仇恨。就算你是权威，责备也应该严而不厉，更不应该奚落嘲讽。”

精益安全管理的以上十大理念，从多个方面表现了精益安全管理与传统安全管理的不同之处。践行这些理念，能有效地解决当前安全管理所面临的诸多困难和困惑。

（四）安全文化的典型案例

1. 核安全文化

核电站的安全特征是高危险性、低风险率，公众舆论对其安全性期望值高。以往核电站的安全性主要通过法规和硬件设施来实现，如政府对核电站立项实行严格的审批制度，安全装置采用多重纵深防御系统。但同所有工业企业一样，无论多么先进的系统，由于种种原因引起某些设备失效而产生事故都是可能的。在研究中发现，核电站事故中绝大部分（约为 80%，各国情况不尽相同）不是因设备故障，而是人员失误直接或间接导致的。世界核电史上两次最大事故（1979 年美国三里岛核电站事故和 1986 年苏联切尔诺贝利核电站事故）均如此。

这两次事故对世界震动很大，也促使人们进一步研究、探索核安全的立足点、层次和完善途径，以及实行、落实“安全第一”的最有效办法。在此背景下，国际原子能机构（IAEA）的国际核安全咨询组（INSAG）于1986年在《切尔诺贝利事故后审评会议总结报告》中首次引出“安全文化”一词。核安全文化一出现就引起了广泛的重视与兴趣。因为长期以来，对核电站的安全措施耗费了巨大的资金和精力，也使用了许多新方法，应该说核电站系统的可靠性、安全性得到了很大的提高。然而，事故仍时有发生，尤其是还产生了三里岛和切尔诺贝利这样的严重事故。广义的人因问题成了长期困扰核电站安全的一大难题。而安全文化的提出，似乎为解决这个难题提供了一条途径。

1988年，国际核安全咨询组（INSAG）进一步在《核电安全的基本原则》中把安全文化的概念作为一种基本管理原则，表述为：实现安全的目标必须渗透到为核电站发电所进行的一切活动中去。[1] 虽然安全文化一词在与核安全有关的文件中越来越多地被使用，但是该术语的含义还有待于进一步明确，对于如何评价安全文化也缺乏指导，这引起了国际上包括非核工业界的热烈讨论。为总结这些讨论及回答这些讨论所提出的问题，1991年INSAG出版了《安全文化》（INASG-4）一书，深入论述了安全文化这一概念：其定义和特征；对不同层次的要求；如何衡量所达到的安全文化的程度等。至此，可以说核安全文化正式诞生了。

安全文化的产生对核安全的改善起到了极大的推动作用，以至于有不少专家认为，核能界目前的工作在很大程度上都是在安全文化推动下进行的，建立安全文化已成为任何国家利用核电的先决条件。[2]

2014年12月19日，为贯彻落实中国核安全观和国家安全战略，倡导和推动核安全文化的培育和发展，促进国家核安全水平的整体提升，保障核能与核技术利用事业安全、健康、可持续发展，国家核安全局、能源局、国防科工局联合发布《核安全文化政策声明》（国核安发〔2014〕286号）。该声

---

[1] 核安全文化．[EB/OL]．http://www.baike.baidu.com.

[2] 张力．核安全文化的发展与应用［J］．核动力工程，1995，16（5）：443-446.

明明确中国重视核安全文化建设，并在各个管理环节不断践行核安全文化的理念和原则，坚持以现行的国家核安全法规和最新核安全标准，以及国际最高安全要求对核能与核技术利用活动实施监管。面对当前中国核电发展不断加快与公众安全诉求不断增长的形势，中国将更加积极地倡导、培育和传播全社会核安全文化，持续提高核安全文化素养。[1]

（1）核安全与核安全文化

核安全是指对核设施、核活动、核材料和放射性物质采取必要和充分的监控、保护、预防和缓解等安全措施，防止由于任何技术原因、人为原因或自然灾害造成事故，并最大限度地减少事故情况下的放射性后果，从而保护工作人员、公众和环境免受不当的辐射危害。

核安全文化是指各有关组织和个人以“安全第一”为根本方针，以维护公众健康和环境安全为最终目标，达成共识并付诸实践的价值观、行为准则和特性的总和。中国奉行“理性、协调、并进”的核安全观，其内涵核心为“四个并重”，即“发展和安全并重、权利和义务并重、自主和协作并重、治标和治本并重”，它是现阶段中国倡导的核安全文化的核心价值观，是国际社会和中国核安全发展经验的总结。

（2）核安全文化的培育与实践

核安全文化需要内化于心、外化于形，让安全高于一切的核安全理念成为全社会的自觉行动；建立一套以安全和质量保证为核心的管理体系，健全规章制度并认真贯彻落实；加强队伍建设，完善人才培养和激励机制，形成安全意识良好、工作作风严谨、技术能力过硬的人才队伍。

决策层的安全观和承诺。决策层要树立正确的核安全观念。在确立发展目标、制订发展规划、构建管理体系、建立监管机制、落实安全责任等决策过程中始终坚持“安全第一”的根本方针，并就确保安全目标作出承诺。

管理层的态度和表率。管理层要以身作则，充分发挥表率和示范作用，提升管理层自身的安全文化素养，建立并严格执行安全管理制度，落实安全

---

[1] 国核安发〔2014〕286号《核安全文化政策声明》.

责任，授予安全岗位足够的权力，给予安全措施充分的资源保障，以审慎保守的态度处理安全相关问题。

全员的参与和责任意识。全员正确理解和认识各自的核安全责任，作出安全承诺，严格执行各项安全规定，形成人人都是安全的创造者和维护者的工作氛围。

培育学习型组织。各组织要制订系统的学习计划，积极开展培训、评估和改进行动，激励学习、提升员工综合技能，形成继承发扬、持续完善、戒骄戒躁、不断创新、追求卓越、自我超越的学习气氛。

构建全面有效的管理体系。政府应建立健全科学合理的管理体制和严格的监管机制；营运单位应建立科学合理的管理制度。确保在制定政策、设置机构、分配资源、制订计划、安排进度、控制成本等方面的任何考虑不凌驾于安全之上。

营造适宜的工作环境。设置适当的工作时间和劳动强度，提供便利的基础设施和硬件条件，建立公开公正的激励和员工晋升机制；加强沟通交流，客观公正地解决冲突矛盾，营造相互尊重、高度信任、团结协作的工作氛围。

建立对安全问题的质疑、报告和经验反馈机制。倡导对安全问题严谨质疑的态度；建立机制鼓励全体员工自由报告安全相关问题并且保证不会受到歧视和报复；管理者应及时回应并合理解决员工报告的潜在问题和安全隐患；建立有效的经验反馈体系，结合案例教育，预防人因失误。

创建和谐的公共关系。通过信息公开、公众参与、科普宣传等公众沟通形式，确保公众的知情权、参与权和监督权；决策层和管理层应以开放的心态多渠道倾听各种不同意见，并妥善对待和处理利益相关者的各项诉求。

（3）核安全文化的持续推进

核安全文化的培育是一个长期过程，应持续不断推进。从业人员要对自身严格要求，养成一丝不苟的良好工作习惯和质疑的工作态度，避免任何自满情绪，树立知责任、负责任的责任意识，形成学法、知法、守法的法治观念，持续提升个人的核安全文化素养。

核能与核技术利用单位要作出承诺，构建企业自身的核安全保障机构，将良好核安全文化融入生产和管理的各个环节，做到凡事有章可循，凡事有据可查，凡事有人负责，凡事有人监督；加大培育核安全文化的资源投入力度，定期对本单位的核安全文化培育状况、工作进展及安全绩效进行自评估，保证核安全文化建设在本单位得到有效落实。

核安全监管部门和政府相关部门要加强政策引导、制定鼓励核安全文化培育的相关政策，加大贯彻实施力度；继续秉持“独立、公开、法治、理性、有效”的监管理念和严谨细实的工作作风；坚持科学立法、依法行政，确保政府监管的独立、权威和有效。推行同行评估，鼓励开展核安全文化培育和实践的第三方评估活动，学习借鉴成功经验，及时识别弱项和问题，积极纠正和改进。同时倡导提升核安全文化的良好实践，开展全行业核安全文化经验交流，推广良好实践案例和成功经验，让核安全文化成为所有从业人员的职业信仰。

核安全文化是核能与核技术利用实践经验的总结，是核安全大厦的基石，是社会先进文化的组成部分，必将随着核事业与核安全事业的不断发展进一步得到弘扬、创新和发展，为确保核安全，保障公众健康和环境安全发挥作用。

2. 航天安全文化

在中国的航天事业栉风沐雨、顽强拼搏、奋力创新、不断进步的 60 多年，经过几代航天人的接续奋斗，我国航天事业创造了以“两弹一星”、载人航天、北斗工程、月球探测为代表的辉煌成就，走出了一条自力更生、自主创新的发展道路，积淀了深厚博大的航天文化，形成了中国航天的“三大精神”。航天传统精神：“自力更生、艰苦奋斗、大力协同、无私奉献、严谨务实、勇于攀登。”“两弹一星”精神：“热爱祖国、无私奉献、自力更生、艰苦奋斗、大力协同，勇于登攀。”载人航天精神：“特别能吃苦、特别能战斗、特别能攻关、特别能奉献。”“三大精神”反映了不同时期航天事业的特征，是中国航天事业的灵魂，成为凝聚中国精神的重要动力和中华民族宝贵的精神财富。弘扬航天精神，树立航天文化，为建设航天强国，实现中国梦，提供强大的精神支撑。

建立安全理念：将质量安全文化视为航天企业文化的重要组成，作为企业核心竞争力之一，安全生产能提高企业的竞争地位，在社会公众和顾客中产生积极的影响。

推崇安全哲学：建立“安全第一”的哲学理念，安全与生产、安全与效益是一个整体，当发生矛盾时，必须坚持“安全第一”的原则。为此，管理层必须做出承诺，领导必须做出表率。

坚持以人为本：以人的生命为最高价值，员工是企业的资源，员工是企业最重要的财富，而且是不可再生的财富。关心员工的安全与健康至关重要，必须优先于其他各项目标。

认识安全效益：追求安全综合效益，安全生产不仅产生经济效益，更是社会效益最大化的体现。

建立预防系统：安全生产的保障需要人—机—环境的安全系统的协调。所有的意外事故和职业病都是可以预防的，但需要建立人—机—环境的安全系统观念，从人—机—环境的综合治理入手。

把握本质安全：为了有效消除和控制危害，需要建立本质安全的科学观念。预防是最佳的选择，需要推行科学的管理体系，实行风险预防型管理，积极采用先进的技术、工艺和设计。

不断持续改进：安全管理的核心是持续改进。健康安全的环境非一日之功，要坚持不懈、持续改进，没有最好，只有更好。建立现代企业的精益管理模式和管理体系。

落实安全责任：安全生产人人有责，让组织生产全过程及每个工作岗位处于健康安全的环境中，落实“谁主管、谁负责”的原则。

完善自律机制：追求企业的自觉管理、自我约束，实施自查、内审、管理评审的三级监控，实现自我评估和监控的自律机制。

重视相关利益：重视与企业相关方的利益，将协作单位、顾客的健康安全环境纳入组织安全管理的组成部分，关心关爱员工身心健康安全，实现共赢。

第三章

安全职责和责任

《中华人民共和国安全生产法》明确强调“强化和落实生产经营单位的主体责任”，不管企业还是国家各级安全监管部门都非常重视，尤其是对于“一岗双责”“科学发展、安全发展”“安全责任比天大”等要求。企业的安全主管部门压力越来越大，企业为安全配备的资源又很少，因而对现实中出现的问题，如“党政同责中，书记怎么签责任书”“职工离岗体检找不到人怎么办”“员工打官司情况如何处理”，感到迷茫，不知道该怎么办。其实，任何事物的出现都有其必然和规律，用系统工程的思维考虑，企业的各个管理部门在不同的角色上各有其责。

众所周知，现代职业健康安全理论将事故产生的主要因素归结为人的不安全行为、物的不安全状态、环境不良和管理缺陷（“四因素”）。安全事故统计分析研究认为，60%～90%以上的安全事故都与人的因素有关（不同国家、行业等的占比有所不同）。每一起安全事故背后都与人的意识和行为有着直接或间接的关联。随着科学技术、安全技术的进步与应用，人的因素更加凸显、占比加重。安全管理“以人为本”的要义，一是安全管理的最终目的是确保人的安全；二是安全管理的关键在于人、在于对人的管理。人作为职业健康安全风险管控的主体，事故“四因素”的身前背后都与人相关，“人”是安全工作的决定性因素。现代兴起并不断发展的安全心理学、安全行为学，就是聚焦“人因”，应用社会、心理、生理、经济学等基础理论来分析研究人的意识、心理及组织（团队）、人与人之间的相互关系对于个人和组织安全心理和行为的影响机制，通过认识人的安全心理活动的特点与规律、安全行为规律和不安全行为因素，主动采取排除人的心理安全隐患、激励安全行为、防治行为失误和抑制不安全行为的措施，从根本上加强事故预防和提升安全管理的有效性、效率、绩效。

一、责任制与责任追究

安全管理特别强调安全责任制的建立和落实，但是众多的问题、事故以及隐患等，用事实证明了安全管理存在安全责任制不够健全和落实不到位等问题。安全工作关键在于人，在于安全责任制的落实。组织应通过建立完善的安全责任制网络，增强安全责任制的可执行性，发挥各级监督检查作用，严格问责制，严肃安全奖惩，以外促内、以评促建，持续改进，从根本上增强安全风险防控能力。

“安全第一、预防为主、综合治理”，是我国的安全生产工作的基本方针。针对 2013 年上半年全国多个地区接连发生多起重特大安全生产事故造成重大人员伤亡和财产损失，要始终把人民生命安全放在首位，以对党和人民高度负责的精神，完善制度、强化责任、加强管理、严格监管，把安全生产责任制落到实处，切实防范重特大安全生产事故的发生”。李克强总理也强调：“安全生产必须警钟长鸣，铁腕执法，消除隐患，落实责任制和问责制。[1]”

安全管理特别强调安全责任制的建立和落实。安全责任制是按照职业健康安全方针和“管生产必须同时管安全”原则，将组织的各级部门、各级人员在职业健康安全方面所应做的事、应履行的职责及应负的责任加以明确的一种制度。安全生产责任制度是组织各项安全生产规章制度的核心，是组织行政岗位责任制度和经济责任制度的重要组成部分，是最基本的职业健康安全管理制度，同时也是安全生产标准化建设的重要内容。

尽管各级组织都在强调安全责任制并不同程度地宣称建立实施了安全责

---

[1] 李克强：安全生产必须警钟长鸣铁腕执行.［EB/OL］（2013-06-09）. http://www.mip.youth.cn.

任制，而众多的问题、事故以及隐患等，说明安全责任制的落实与所期望的目标还存在较大差距。

（一）安全责任制落实不到位的原因分析

建立健全和实施安全责任制的重要性毋庸置疑，但为什么实施不够到位呢？究其原因，主要有以下四个方面：

1. 安全生产责任体系尚不完善

部分单位安全生产责任制组织机构设置存在漏洞，未真正做到“横向到边、纵向到底”；部分单位的安全生产责任制文件体系未能根据国家法律、法规的变化以及单位发展的实际及时修订和完善，缺少实用性和可操作性。

2. 安全生产责任制的培训教育和沟通不到位

部分单位未建立“安全生产、人人有责”的思想意识，以至于一些部门的领导和员工认为安全生产工作是安全生产管理部门的职责，与己无关；一些单位仅将安全生产责任制相关要求写在纸上、存在文件柜里或者说在口上、贴在墙上，而没有通过培训教育和沟通将安全责任制及其相关要求落实到行动中。

3. 对发现问题和隐患的整改停留在表面

部分单位在各种安全检查中，对安全责任制落实情况的检查和评价不够深入，对发现问题和隐患的原因分析更多地关注直接原因，而对有关安全责任制不完善和不落实的根本原因分析和整改不够。

4. 安全生产奖惩机制不健全、执行不力

有的单位的安全奖惩机制不够适宜、不够具体、可操作性差；有的虽然建立了比较完善的安全生产奖惩机制，但缺乏科学、严格的检查和考核，制度执行力差，难以有效发挥作用。

归结起来看，安全责任制方面存在的主要问题，一是责任制本身的适宜性、可操作性、实用性存在不足；二是责任制主要处于要求层面，转化为具体行动的措施和办法不够，未能得到有效的执行和落实。

（二）建立健全安全生产责任制

按照“横向到边、纵向到底”的原则，建立安全责任体系网络，明确各级组织和人员的职责、接口与相互关系，实行一级管一级、层层抓落实、环环相扣。将安全职责系统策划，分级分层监管及评价，融入组织综合管理系统策划、实施与监管，进一步明确和落实各级组织和人员的安全责任。

1. 安全责任制的范围

安全责任制要横向到边，纵向到底，覆盖所有方面、各级部门和全员，贯穿组织经营生产所有活动、产品实现的全过程。例如，工艺技术人员的安全职责就要包括随着工艺技术和设备的更新等，完善技术工艺甚至操作规程之类文件的职责；计划、投资部门人员的职责就应该体现在如能力提升、设备改造方案中，应包含对安全事项（如“三同时”）的风险分析、策划和安排等。

2. 安全责任制主要内容及要素

主要内容及要素包括部门岗位、职责、权限、相互关系与接口、对不履行职责和不满足要求的后果应承担的责任等。

结合职业健康安全管理体系、安全生产标准化确定的职责、权限和相互关系、责任、组织的考核评价奖惩制度及安全奖惩制度等，对本单位及部门的职业健康安全职责进行系统梳理、整理、汇总，建立完善的安全责任制网络和规定，提供各级人员方便查询及使用，并由本单位安全监管部门维护和动态管理，保持其持续有效。

3. 安全责任制的“文件化”及其协商与沟通

文件化的形式可以是以下一种形式或几种形式的集成，如职业健康安全管理手册、工作程序和任务描述、独立的安全责任制度、岗位描述以及岗位人员培训文件等。各部门、各岗位职责履行不仅影响自身，还会对其相关部门和人员造成影响，同时会受到相关部门和人员的影响。因此，对安全责任制在有关的范围内进行有效沟通是十分必要的。建立安全责任制网络、将安全责任制作为各级岗位人员安全培训的重要内容是有效沟通的重要途径。

4. 安全责任制网络的主要作用

①安全责任制网络的建立和运行，有利于在系统梳理中检查发现所确定职责、权限和接口中存在的不协调或缺陷等，发现改进机会；

②提供更加系统、完整的描述和提供本单位职业健康安全职责、权限、相互关系、接口和责任的全貌，有助于各部门、各级人员更好地认识和理解职责、权限、相互关系、接口和责任以及自身职责的重要性，促进责任制及有关要求的执行；

③为各级人员学习关于职业健康的安全责任制和沟通提供便利；

④因各种原因，如人员/岗位、机、物、环及管理/组织机构/流程变化等，需要对职责进行调整和变更时，汇总各种信息的安全责任制网络可以为这些决策变更和相互关联职责和接口的协调变更提供支持；

⑤强化责任追究是落实安全生产责任制的关键。当出现问题时，按照安全责任制网络层层追查，通过各级人员的安全职责，落实每个岗位需要承担的责任和处罚；

⑥以人为本，严格问责，严肃奖惩。

据统计，生产安全事故中有 90% 是“三违”（违章指挥、违章操作、违反劳动纪律）造成的，是人为的责任事故。而这些责任事故的产生，首先是责任人的认识问题引起的。所以，安全工作最重要的是把“人”管好，也就是要进一步贯彻好安全管理“以人为本”，把以前的“就事论事”转变为“就事论人、以人论事、持续改进”，通过人员能力确认、培训教育、运行控制和管理手段，构建每个岗位人员的安全责任、义务、应有的绩效、安全奖惩等责任制网络并有效实施。

对安全生产责任管理要实行重奖重罚，要运用经济杠杆，引入竞争机制，将安全管理纳入单位经营管理之中。对安全生产责任事故进行问责，严格实施安全事故处理“四不放过”，即事故原因未查清不放过、事故责任人未受到处理不放过、事故责任人和周围群众没有受到教育不放过、切实可行的整改措施未落实不放过；按照安全奖惩制度和纳入综合管理的单位、部门和人员考核评价办法，对发生重伤及以上事故、轻伤及未遂事故的单位进行责任追究，对发生安全生产违法行为的，严格追究有关人员的责任，最终达到实现组织的全系统安全的目的。

（三）发挥监督检查作用

通过接受和实施外部监测评价，如第三方认证、行业检查、集团内和院内检查等，发挥其“以外促内、以评促建”的监督机制，从“文件核查、交流沟通、现场核查”三个层次促进各级有效落实安全责任制。在各种检查中，需进一步将安全责任制的建立和落实作为监测的源头和重点进行关注、策划、实施和评价。首先，通过文件审查确认受检查单位的安全责任制网络的充分性、适宜性和有效性；其次，通过交流和沟通，了解各级人员对自己的安全职责和责任是否做到了应知应会、熟记于心；最后，在现场检查中核实安全职责是否执行到位。从以往检查人员对现场、事项的检查和发现问题，进一步转化到带领、引导和帮助责任人员认识其责任、发现问题和引发其改进思考；从帮助受检查组织发现和整改具体问题转化为重点促进其提升自我完善能力和预防能力。

综上所述，组织安全责任制的核心是实现安全工作的“五同时”，即在计划、布置、检查、总结、评价生产的时候，同时计划、布置、检查、总结、评价安全工作。组织与个人的高度责任心是实现良好自我管理、提升自我完善的能力的重要基础，是组织文化和安全文化建设的核心和重要基础。建立健全安全责任制网络，旨在提升管理服务，以更好地促进安全职责与责任的有效沟通，帮助员工学习、了解、理解和实施职责要求；健全安全生产责任制，旨在增强其充分性、适宜性、可操作性、可检查性、系统管理和查询使用的便利性，促进安全责任感的增强和安全职责的更好落实。

二、领导的关键作用

近年来各行业都在重视防治不安全心理及对由此导致的不安全行为的研究，以更好地贯彻“以人为本、安全至上”的安全方针和“人本立安”的安全战略。2015 年进行的单位员工安全心理状况问卷调查，包括深入认识各级领导的安全意识对组织的安全行为的影响及对提高领导的安全意识和更好发挥领导的关键作用方面提出建议。调查在 24 家单位的员工中开展，覆盖了各职能层次、各年龄段、各类岗位，使得调查结果具有一定的代表性。调查内容实质就是组织内人员的安全心理及相互心理影响关系、心理与行为关系的“测量装置”。其中突出反映当前领导的安全意识、心理及其所产生行为的现状和对其下属（组织成员）安全意识、心理、行为的影响关系。结果显示：

81% 的受调查者及 88% 的受调查中层干部认为领导的安全意识对自己遵守安全规章很重要，领导重视安全，自己才会重视和遵守安全规章。总计大于 93% 受调查者认为自己的安全意识和行为受领导的影响。在安全工作上也是“群众看干部”，领导具有关键作用。

7% 的领导层干部和 25% 的中层干部不认为自己的岗位工作与安全生产息息相关，24% 的领导层干部和 23% 的中层干部认为对自身岗位的安全风险及隐患不十分了解，21% 的领导层干部和 23% 的中层干部认为对自身岗位中的违章行为不太了解。而总计 24% 的受调查者不认为自己的岗位工作与安全生产息息相关，34% 的受调查者认为对自身岗位的安全风险及隐患不是十分了解，28% 的受调查者认为对自身岗位中的违章行为不太了解的结果不仅与领导和中层干部调查结果存在相关的一致性和自洽，更是印证了领导干部及中层干部的安全意识、安全职责与责任的认知和行为对组织成员的安全意识和行为重要相关、影响巨大，对组织安全文化的影响巨大。

中层干部占 4%、总计占 8% 的受调查者认为直接领导只是形式上重视及敷衍或不重视安全生产；中层干部占 14%、总计占 12% 的受调查者认为领导经常或偶尔违章指挥；领导干部占 10%、中层干部占 12%、总计占 17% 的受调查者发现同事有违章行为不会一定制止；领导干部占 50%、中层干部占 52%、总计占 40% 的受调查者认为最容易发生违章行为的时间是“管理松懈、领导不重视”之时；在明知道是违章行为还要去做的原因中，总计占 3% 的受调查者认为是领导安排。意识决定行为，意识和行为决定结果，从行为和结果反观（检测）出领导干部安全意识的状况及存在的不足。反映出一些领导干部对安全工作“讲得多、抓得少，要求多、落实少”，不严不实，甚至“说一套做一套”。

领导干部占 12%、中层干部占 12%、总计占 13% 的受调查者认为“违章不一定出事”。对“明知是违章还要去做的原因”，领导干部占51%、中层干部占46%、总计占38%的受调查者认为是认为不会发生事故；领导干部占31%、中层干部占30%、总计占27%的受调查者认为是图方便省事；领导干部占15%、中层干部占17%、总计占24%的受调查者认为是为了赶进度；领导干部占3%、中层干部占6%、总计占8%的受调查者认为是为了经济利益。由此可见领导、中层干部和全员都不同程度地存在侥幸（投机）心理、冒险行为，其根源在于其趋利和错误的安全价值观，没有正确认识安全的价值及至关重要，没有践行“安全第一”；领导和中层干部没有认识到其侥幸心理和冒险、违章行为对下属安全意识心理和组织安全行为、安全文化的严重损害。

对整体调查结果数据分析可以看出，各级领导在安全生产中具有关键作用，其安全责任意识决定着企业员工对安全的重视程度、安全法规制度的执行力、组织的安全绩效。因此，必须高度重视各级领导干部安全意识中存在的问题及其不利影响，研究和采取符合实际和有针对性的纠正、预防和改善措施，使各级领导切实增强安全责任意识，更好地履职尽责，发挥关键作用。

（一）组织如何保持、提升领导的安全意识

所谓安全意识，是人们头脑中建立起来的必须安全生产的观念，也就是人们在生产活动中的对有可能对自己或他人造成伤害的各种各样的外在环境条件的一种戒备和警觉的心理状态。领导干部（包括中层干部）的安全意识就是其内心深处对安全价值（人命关天）、安全风险（红线）、安全责任的认知和“安全第一”（重视安全）、“预防为主”（不力保“万无一失”，则可能“一失万无”）、“一岗双责”（安全责任重于泰山）意识。它决定了领导的安全行为及习惯和组织的安全行为与绩效。

有资料提供研究信息认为，50%的事故是由10%的人造成的，而这些人就是所谓的易出事故者。个人的心理特征（能力、性格和气质）对其安全意识有着重要影响。组织在任用领导干部和安排工作时需进一步加强对其心理特征、心理状况的考察（测查），并做出适当的岗位及工作安排和有针对性的培训教育及帮助。首先从人的固有特性方面做好领导的安全意识的基础保证。

1. 加强对各级领导的培训教育

加强对各级领导干部的上岗培训教育和在岗继续教育是使其具备、保持和提升安全意识的重要途径。在安全生产标准化建设和职业健康安全管理体系建设中，几乎所有单位都制定和实施了安全培训教育管理制度，但实际检查和问卷调查结果都反映出安全培训教育的覆盖面、针对性、有效性及换岗培训的及时性等存在不足。相对于领导及中层干部的重要作用，在各类人员安全培训教育中，对领导及中层干部的培训教育更显不足。在问卷调查中，3%的领导干部、2%的中层干部在最近一年内从未参加过安全生产培训；20%的领导干部、20%的中层干部只参加过一次培训，还未知这样的培训是否具有针对性、适宜性和有效性。需进一步完善对领导干部安全培训教育管理的制度、上岗任职能力要求、改进和创新培训方式（及平台）、健全培训要求落实及其效果的监督检查机制，更好地确保培训内容的针对性、完整性、系统性和持续适宜性、有效性。

2. 改进对领导干部的检查审核机制

在安全检查和职业健康安全管理体系审核中，要加强和改进（创新）对领导干部的检查和审核，进一步关注和抓“关键少数”存在的问题，并结合其所管辖业务和区域的安全问题，对领导干部的安全意识、心理和行为/绩效进行动态监测和定期考核，在“例行”的上岗、在岗继续培训教育基础上，及时发现培训需求、及时实施所需的培训。通过更加精细化、有针对性、动态的培训，更好满足培训的要求和需求，保持领导安全意识应有的本底（底线）和所需的提升。

3. 落实领导安全生产职责

目前不少组织在安全问题的整改中较多地针对其直接原因，止步（聚焦）于基层、操作层面，深挖问题的管理根本原因不够、从管理上采取措施不够，更多地局限于治标而治本不足，导致一些问题的整改流于形式、效果不佳，有些整改、问题重复发生。需进一步改进和创新对领导履行安全职责的监督、检查、考核与评价办法，进一步健全完善和落实安全责任制、安全责任追究与安全奖惩制度，贯彻坚决落实安全生产责任制，确实做到党政同责、一岗双责、失职追责的要求，促进各级领导干部安全意识提升、责任落实。

（二）领导的安全意识决定组织的安全行为

2014年修订的《中华人民共和国安全生产法》（以下简称《安全生产法》）进一步强化了生产经营单位的安全生产主体责任，明确生产经营单位主要负责人对安全生产工作全面负责，不仅是对本单位的责任，也是对社会应负的责任，并规定单位主要负责人的具体职责。作为领导干部，应在其位谋其政，依法依规履行自己在安全生产方面的职责，做好领导干部的安全责任担当。

1. 树立“红线意识”和底线思维

进一步深入学习理解法规制度对本组织和领导自身的安全责任要求和相关的安全知识，认清安全工作的重要性和重要价值，增强安全责任意识、法制意识、风险意识和相关安全风险的辨识、评估和防范策划能力，梳理安全生产上的纪律、“规矩”，确保红线、底线得到识别、确定和动态管理，并在组织内分解、应用和有效沟通。率先示范，用心履责，把对安全工作的重视落实到行动中，率先做到“不碰红线、不逾底线”。

2. 适当、及时地参与安全风险管理

确保安全风险管理的针对性和有效性。重视安全生产内外部环境管理及动态管理，确保组织充分识别内外部环境，结合实际抓好安全风险辨识和管控策划源头，并在安全风险管理中明确环境信息、风险评估、风险应对、监督和检查全过程的每一个阶段都做好与内部和外部利益相关方的有效沟通，以保证实施安全风险管理的各级责任人和利益相关者能够理解组织风险管理决策的依据，以及采取所需行动的原因，使安全风险管理得到充分沟通和广泛参与。

3. 做好人的安全意识和能力建设这一核心、关键工作

落实安全责任制建设、全员安全培训教育和关键重要人员的培训，采取措施确保和提升关键人员的安全意识和能力建设及作用发挥，在安全制度建

设和策划中更加关注“人性”、安全心理，把“以人为本”落到实处、做到家、取得实效，并持之以恒、不断改进，建设优良安全文化。

4. 进一步重视和抓好安全生产标准化

国务院在2015年出台了深化标准化工作改革方案和行动计划、2016年发布了《装备制造业标准化和质量提升规划》，标准化不仅是提升中国装备制造和装备质量可靠性的重要手段，也是提升安全管理和安全绩效的重要手段。加强安全生产标准化工作，有助于提升安全技术、本质安全、组织安全知识的管理与应用、安全制度体系化和安全管理的有效性与效率。实践证明，一些企业花大力气抓岗位标准化和安全生产标准化建设，夯实了安全生产基础，健全完善了安全责任体系和安全制度、“硬件”环境，促进了本质安全水平、安全保证能力提升。

5. 通过信息管理升级，创新和提升安全管理

促进组织安全管理和整体管理提质增效。在“互联网+”的时代，可利用先进的计算机信息技术，更好地打造安全信息数据库、安全信息沟通交流渠道、组织安全知识积累传播学习平台、安全预警预报机制，并更好地实现与其他管理体系的融合和信息共享。

6. 抓住现场问题

以强化、细化、规范、严格、创新现场安全检查为抓手，督促、检查本单位的安全生产工作，及时消除生产安全事故隐患。现场是问题集中显现的环节。抓住现场的问题就抓住了以问题为导向的寻根之源，找到了继续深入分析、改进的起点。“春江水暖鸭先知”，抓深入现场对实际的调查研究，从现场了解环境与需求的变化，把脉把准问题与改进需求，才能更好策划和推动更加符合实际的、有效和高效的改进。

7. 职业健康安全管理体系建设

筑牢基础，并进一步做好与其他管理体系的融合，发挥系统优势，提高整体效率和效益。职业健康安全管理体系实质就是安全风险管理体系，通过安全（风险）管理方针、组织结构及职责与权限、工作程序、资源配置、信息沟通机制、相关的技术手段等基础设施、绩效监测等，将安全风险管理嵌

入组织的各个层次和活动。安全风险管理活动贯穿在组织的生产经营活动中，以系统思维、创新思维识别和管理好各相关管理体系、管理活动之间的联系和关系，可以获得更高的管理效率和效益。

新《安全生产法》确立的“安全第一、预防为主、综合治理”安全生产工作方针，明确了安全生产的重要地位、主体任务和实现安全生产的根本途径。坚持安全发展，不仅是一个国家科学、可持续发展的重要因素，也是一个组织科学、可持续发展和取得持续成功的根本保证。安全是人最基本、最重要的需求，人是安全生产中最关键、最活跃的要素，消除人的心理安全隐患、增强人的安全意识和能力是提升预防事故能力之根本，而增强各级领导干部的安全意识和能力是组织安全工作之首要。“工欲善其事，必先利其器。”各级领导干部应学习和应用习总书记强调的辩证、系统、战略、法治、底线、精准六大思维方法，改善心智模式、心理，提升安全意识和能力，以科学思维方法保证在安全生产上善作善成，真正担负起应有的安全责任。

三、组织的安全生产管理部门的职责与定位

新《安全生产法》第三条规定：“安全生产工作应当以人为本，坚持安全发展，坚持安全第一、预防为主、综合治理的方针，强化和落实生产经营单位的主体责任，建立生产经营单位负责、职工参与、政府监管、行业自律和社会监督的机制。”安全管理部门作为企业的专设部门，要履行建立各级安全管理体系、制定安全管理制度和监督机制的职责，但是不等于安全管理部门就要承担企业安全主体责任，各级管理部门有相应的职责和义务，要分清各部门的职责和安全责任，建立各级安全责任制。

（一）安全管理中存在的问题

1. 组织存在的问题与安全部门的关系

有些情况下组织存在的安全管理的问题，是由于员工素质差、不执行安全规程、明知故犯等造成的。这些问题与过程控制不严有关，虽然安全制度上墙、安全规程明确，但就是操作人员自己控制不好，有制度却不执行。这些问题安全部门怎么管？生产部门过程控制不到位，员工履职不到位，与安全管理部门

没有直接关系。安全是涉及每个员工的事，出了事故的受害者也是违章者。

2. 安全事故和安全管理部门的关系

如果出了安全事故怎么处理？安全部门该不该被追责？实际情况下，无论组织发生怎样的安全问题，安全管理部门都有责任，这与安全部门的职能定位有关，但是更应该考虑领导责任问题，管理层应承担70%的责任。

（二）应对方法

1. 明确以经营生产为主线的安全生产

不能动摇以经营生产为主线的安全生产，经营生产是企业的主旋律，一切为了企业的运转。安全部门要为经营生产保驾护航，在不添乱的基础上做好自己的工作，做好各方面保障服务，力求不出事。

安全部门要首先明确组织是干什么的，有哪些风险，在企业经营环节中需要注意什么。以组织搬家为例，围绕科研生产的主线，考虑搬家的风险，如果设备移动后不能使用了，“搬家”就失败了，再强调“安全第一”也没有用。因为对于组织没有意义，在人员保证安全的基础上做好各项工作是必需的，但是也要围绕组织的主业经营生产，没有经营，组织就没有存在的意义。

2. 引导科技兴安和隐患排查为指导的安全生产

安全绩效不等于主体绩效，单位绩效包括组织绩效和管理绩效、环境绩效、安全绩效。长治久安必须科技兴安，以本质安全为基础。在技术措施和技术改造中必须首先保证安全要求，然后才能追求效率。例如企业为了提高效率，引进自动化设备和监控管理。因为人是会犯错误的，是犯错的主体。

在人的主观因素和设备的客观因素中，都有一种“衰减”，随着时间的变化逐渐产生意识下降、性能降低、状态下降。而隐患排查的作用，就是要引起人的重视。安全检查的目的不是查出问题，而是通过检查让意识下降的人重新引起重视，保持状态、减少衰减，恢复原来状态（人、设备），或者控制衰减在一定水平。检查是在本质安全的基础上的一种非常好的管理手段。另外，对于检查中发现问题，可以利用海因法则“当一个企业有300起隐患或违章，必然要发生29起轻伤或故障，另外还有1起重伤、死亡或重大事故”，提示警醒，起到预防安全事故发生的作用。

3. 以不发生安全事故、不碰触红线为底线

安全主管部门提高安全绩效，要坚持不发生安全事故、不碰触红线，处理好形式和内容的关系。一个组织，要保证以人为导向不出事，就要做好“两识教育”，即意识教育和知识教育。

意识教育包括利用各种形式，开展树立红线意识、黄线意识，不出事不后悔的意识教育。全面提高各层次人员的安全意识是安全管理部门的责任。2015年深圳某建筑工地的安全教育引起争议，因为组织者在生产现场大门贴出了这样的安全标语：“亲爱的工友们：在外打工，注意安全，一旦发生事故：别人睡你媳妇，打你孩子，花你的抚恤金！打工安全，为你自己”。这种安全标语简单直接，直刺要害，对打工者的安全警示效果非常好，但用语不够妥当。知识教育，是从安全专业知识角度提供技能教育，例如提供安全教科书、制作安全画册等，为不同专业、不同学科的人员提供安全技能，让大家想安全、会安全，不碰触红线，不出事故。真正能做好“四不伤害”——不伤害他人，不伤害自己，不被别人伤害，保护他人不受伤害。

四、典型重大责任事故

（一）某港新区爆炸事故

1. 事故过程

2015年8月12日23：30左右，位于某港的某公司危险品仓库发生火灾爆炸事故，造成100多人遇难、多人失踪，700多人受伤，多幢建筑物、1000多辆商品汽车、多个集装箱受损。截至2015年12月10日，依据《企业职工伤亡事故经济损失统计标准》等标准和规定统计，已核定的直接经济损失近70亿元。经国务院调查组认定，该公司危险品仓库火灾爆炸事故是一起特别重大生产安全责任事故。

2. 事故原因

2015年8月18日，依据《危险化学品安全管理条例》和《生产安全事故报告和调查处理条例》有关规定，经国务院批准，成立由公安部、安全监

管总局、监察部、交通运输部、环境保护部、全国总工会和某市等有关方面组成的国务院“8·12”某港新区爆炸事故调查组，邀请最高人民检察院派员参加，并聘请爆炸、消防、刑侦、化工、环保等方面专家参与调查工作。调查组查明，事故的直接原因是：该公司危险品仓库运抵区南侧集装箱内硝化棉由于湿润剂散失出现局部干燥，在高温（天气）等因素的作用下加速分解放热，积热自燃，引起相邻集装箱内的硝化棉和其他危险化学品长时间大面积燃烧，导致堆放于运抵区的硝酸铵等危险化学品发生爆炸。

调查组认定，该公司严重违反有关法律法规，是造成事故发生的主体责任单位。该公司无视安全生产主体责任，严重违反城市总体规划和滨海新区控制性详细规划，违法建设危险货物堆场，违法经营、违规储存危险货物，安全管理极其混乱，安全隐患长期存在。

调查组同时认定，有关地方党委、政府和部门存在有法不依、执法不严、监管不力、履职不到位等问题。市交通、港口、海关、安监、规划和国土、市场和质检、海事、公安以及区环保、行政审批等部门单位，未认真贯彻落实有关法律法规，未认真履行职责，违法违规进行行政许可和项目审查，日常监管严重缺失；有些负责人和工作人员贪赃枉法、滥用职权。市委、市政府和区委、区政府未全面贯彻落实有关法律法规，对有关部门、单位违反城市规划行为和在安全生产管理方面存在的问题失察失管。交通运输部作为港口危险货物监管主管部门，未依照法定职责对港口危险货物安全管理督促检查，对市交通运输系统工作指导不到位。海关总署督促指导市海关工作不到位。有关中介及技术服务机构弄虚作假，违法违规进行安全审查、评价和验收等。

3. 事故追责

2016 年 2 月，经国务院调查组调查认定，该公司危险品仓库火灾爆炸事故是一起特别重大生产安全责任事故。调查组建议依法吊销某公司有关证照并处罚款，企业相关主要负责人终身不得担任本行业生产经营单位的负责人；对进行安全评价的公司、化工设计院等中介和技术服务机构给予没收违法所得、罚款、撤销资质等行政处罚。同时，对市委、市政府进行通报批评并责成市委、市政府向党中央、国务院做出深刻检查；责成交通运输部向国务院做出深刻检查。

2016 年 11 月 7 日至 9 日，某港“8・12”特大火灾爆炸事故所涉 27 件刑事案件一审分别由市第二中级人民法院和 9 家基层法院公开开庭进行了审理，并于 9 日对上述案件涉及的被告单位及多名直接责任人员和相关职务犯罪被告人进行了公开宣判。宣判后，各案被告人均表示认罪、悔罪。交通运输委员会主任等多名国家机关工作人员分别被以玩忽职守罪或滥用职权罪判处三年到七年不等的有期徒刑，其中多人同时犯受贿罪，予以数罪并罚。

4. 事件反思

一是事故企业严重违法违规经营。公司无视安全生产主体责任，置国家法律法规、标准于不顾，只顾经济利益、不顾生命安全，不择手段变更及扩展经营范围，长期违法违规经营。

二是有关地方政府安全发展的意识不强。公司长时间违法违规经营，有关政府部门在公司经营问题上一再违法违规审批、监管失职，最终导致某港“8・12”事故的发生，造成严重的生命财产损失和恶劣的社会影响。

三是有关地方和部门违反法定城市规划。市政府和区政府严格执行城市规划法规意识不强，对违反规划的行为失察。市规划、国土资源管理部门和某港（集团）有限公司严重不负责任、玩忽职守。

四是有关职能部门有法不依、执法不严，有的人员甚至贪赃枉法。市涉及该公司行政许可审批的交通运输等部门，没有严格执行国家和地方的法律法规、工作规定，没有严格履行职责，甚至与企业相互串通，以批复的形式代替许可，行政许可形同虚设。

五是港口管理体制不顺、安全管理不到位。港口已移交市管理，但是某港公安局及消防支队仍以交通运输部公安局管理为主。同时，市交通运输委员会、建设管理委员会、区规划和国土资源管理局违法将多项行政职能委托港口集团公司行使，客观上造成交通运输部、市政府以及港口集团公司对港区管理职责交叉、责任不明。

六是危险化学品安全监管体制不顺、机制不完善。目前，危险化学品生产、储存、使用、经营、运输和进出口等环节涉及部门多，地区之间、部门之间的相关行政审批、资质管理、行政处罚等未形成完整的监管“链条”。同时，全国缺乏统一的危险化学品信息管理平台，难以实现对危险化学品全时段、全流程、全覆盖的安全监管。

七是危险化学品安全管理法律法规标准不健全。国家缺乏统一的危险化学品安全管理、环境风险防控的专门法律；《危险化学品安全管理条例》对危险化学品流通、使用等环节要求不明确、不具体，现行有关法规对危险化学品安全管理违法行为处罚偏轻，单位和个人违法成本很低，不足以起到惩戒和震慑作用。

八是危险化学品事故应急处置能力不足。公司没有开展风险评估和危险源辨识评估工作，应急预案流于形式，应急处置力量、装备严重缺乏，不具备初起火灾的扑救能力。某港公安局消防支队没有针对不同性质的危险化学品准备相应的预案、灭火救援装备和物资，消防队员缺乏专业训练演练，危险化学品事故处置能力不强；市公安消防部队也缺乏处置重大危险化学品事故的预案以及相应的装备；市政府在应急处置中的信息发布工作一度安排不周、应对不妥。

（二）江苏某工厂爆炸事故

1. 事故结果

2014年8月2日7时34分，位于江苏省某金属制品有限公司发生特别重大铝粉尘爆炸事故，当天造成多人伤亡。依照《生产安全事故报告和调查处理条例》规定的事故发生后30日报告期，共有90多人死亡、100多人受伤，直接经济损失3.51亿元。

2. 事故原因

事故车间除尘系统较长时间未按规定清理，铝粉尘集聚。除尘系统风机开启后，打磨过程产生的高温颗粒在集尘桶上方形成粉尘云。1号除尘器集尘桶锈蚀破损，桶内铝粉受潮，发生氧化放热反应，达到粉尘云的引燃温度，引发除尘系统及车间的系列爆炸。因没有泄爆装置，爆炸产生的高温气体和燃烧物瞬间经除尘管道从各吸尘口喷出，导致全车间所有工位操作人员直接受到爆炸冲击，造成群死群伤。

该公司无视国家法律，违法违规组织项目建设和生产；市及开发区对安全生产重视不够，安全监管责任不落实，对该公司违反国家安全生产法律法规、长期存在安全隐患治理不力等问题失察；负有安全生产监督管理责任的有关部门未认真履行职责，审批把关不严、监督检查不到位、专项治理工作不深入、不落实；江苏省某建筑设计研究院等单位，违法违规进行建筑设计、安全评价、粉尘检测、除尘系统改造。

3. 事故追责

2014年12月30日，国务院对该公司“8.2”特别重大铝粉尘爆炸事故调查报告做出批复，认定这是一起生产安全责任事故，同意对事故责任人员及责任单位的处理建议，依照有关法律法规，对公司董事长、总经理、经理，区管委会副主任、党工委委员、安委会主任，区经济发展和环境保护局副局长兼安委会副主任，市安全监管局副局长，市公安消防大队原参谋、现任某市公安消防大队大队长，市公安消防大队大队长，市环境保护局副局长等18人采取司法措施。对其他35名地方党委政府及其有关部门工作人员分别给予相应的党纪、政纪处分。

4. 经验教训

发生如此严重的爆炸事故，企业责任重大。然而安全生产不能仅靠企业“自觉”，必须重视并建立长期有效的安全监管机制，让企业生产始终处于政府职能部门的监管之下。作为生产经营主体，企业本身具有逐利性，为了追求利润最大化，很可能减少对安全生产资金和设施的投入。监管部门在任何时候都不能放松，规范企业经营，及时发现企业的违法生产行为并对其进行约束和处罚，也才能从源头上降低事故发生的概率，保证劳动者的人身和财产安全。

相比于追责，建立有效的监管体系才是防范安全隐患的关键。“8.2”特别重大铝粉尘爆炸事故实际上是敲响了警钟——在多部门综合管理的语境下，相关职能部门应理顺权责关系，做到权责明确，一旦出了问题，可追查到部门以及具体责任人，以此倒逼监管部门把监管工作落到实处。

（三）吉林某禽业公司火灾事故

1. 事故结果

2013 年 6 月 3 日 6 时 10 分，位于吉林省某禽业有限公司发生特大火灾爆炸事故，造成 100 多人遇难，多人受伤。伤亡者包括市本地人及部分外来打工人员。

2. 事故原因

公司主厂房部分电气线路短路，引燃周围可燃物，燃烧产生的高温导致氨设备和氨管道发生物理爆炸。管理上的原因是：公司安全生产主体责任不落实，地方消防部门安全监督管理不力，建设部门在工程项目建设中监管缺失，安全监管部门综合监管不到位，地方政府安全生产监管职责落实不力。

受伤致死的原因有烧伤、氨气中毒等，其中致死最主要的原因是氨气中毒引发的呼吸道水肿。轻度吸入氨中毒表现有鼻炎、咽炎、气管炎、支气管炎。严重吸入中毒可出现喉头水肿、声门狭窄以及呼吸道黏膜脱落，可造成气管阻塞，引起窒息。吸入高浓度可直接影响肺毛细血管通透性而引起肺水肿。

3. 事故追责

2014 年 12 月 26 日，吉林省长春市区人民法院分别对该公司特大火灾系列案件一审公开宣判。人民法院以工程重大安全事故罪判处公司董事长等多名被告人有期徒刑 5~9 年，并处罚金人民币 20 万 ~ 100 万元；以重大劳动安全事故罪分别判处原公司总经理、综合办公室主任有期徒刑四年和三年。

区人民法院还以玩忽职守罪对负有工程质量监督、建设工程项目审查以及安全生产监管职责的原吉林省某建设工程质量监督站副站长、原吉林省某城乡建设管理分局局长、原吉林省某安全生产监督管理工作站负责人分别判处有期徒刑五年、四年和三年，以玩忽职守罪对安全生产工作负领导责任的原吉林省某镇镇长免予刑事处罚。

区人民法院以滥用职权罪判处原公安消防大队大队长有期徒刑五年六个月，判处原公安消防大队副大队长兼任建审员有期徒刑五年，判处原公安消防大队验收员有期徒刑四年，以玩忽职守罪，对原公安消防大队内勤兼防火监督员免予刑事处罚；以玩忽职守罪判处原镇派出所所长有期徒刑四年六个月，判处原公安局镇派出所民警有期徒刑四年，判处原公安分局镇派出所民警有期徒刑三年，缓刑四年。

通过以上三起重大安全责任事故可以看到，除了有事故公司的主体责任，无视法律法规，违法违规组织项目建设和生产，还有各级监管部门的问题。相比于追责，建立有效的监管体系才是防范安全隐患的关键。在多部门综合管理下，相关职能部门应理顺权责关系，做到权责明确，一旦出了问题，可追查到部门以及具体责任人，以此倒逼监管部门把监管工作落到实处。

第四章

安全风险管控与隐患治理

一、危险源、危险点和隐患排查

（一）基本概念

1. 危险源

危险源是指可能导致人员伤害或疾病、物质财产损失、工作环境破坏，或这些情况组合的根源或状态因素。在《职业健康安全管理体系　要求及使用指南》（GB/T 45001—2020）中的定义为：

可能导致伤害和健康损害的来源。危险源包括可能导致伤害或危险状态的来源，或可能因暴露而导致伤害和健康损害的环境。工业生产作业过程的危险源一般分为七类，即物理的、化学的、生物的、心理的、机械的、电的、基于运动或能量的。

狭义的危险源是指一个系统中具有潜在能量和物质释放危险的、可造成人员伤害、在一定的触发因素作用下可转化为事故的部位、区域、场所、空间、岗位、设备及其位置。它的实质是具有潜在危险的源点或部位，是爆发事故的源头，是能量、危险物质集中的核心，是能量从那里传出或爆发的地方。危险源存在于确定的系统中，不同的系统范围其危险源的区域也不同。例如，从全国范围来说，对于危险行业（如石油、化工等），具体的一个企业

（如炼油厂）就是一个危险源。而从一个企业系统来说，可能某个车间或仓库就是危险源，一个车间系统可能某台设备是危险源，因此分析危险源应按系统的不同层次来进行。一般来说，危险源可能存在事故隐患，也可能不存在事故隐患，对于存在事故隐患的危险源一定要及时加以整改，否则随时都可能导致事故。对事故隐患的控制管理总是与一定的危险源联系在一起，因为没有危险的隐患也就谈不上要去控制它；而对危险源的控制，实际就是消除其存在的事故隐患或防止其出现事故隐患。所以，在实际中有时会不加区别地使用这两个概念。

危险源由三个要素构成：潜在危险性、存在条件和触发因素。潜在危险性是指一旦触发事故，可能带来的危害程度或损失大小，或者说危险源可能释放的能量强度或危险物质量的大小。存在条件是指危险源所处的物理、化学状态和约束条件状态。例如，物质的压力、温度、化学稳定性，盛装压力容器的坚固性，周围环境障碍物等情况。触发因素虽然不属于危险源的固有属性，但它是危险源转化为事故的外因，而且每一类型的危险源都有相应的敏感触发因素。如易燃、易爆物质，热能是其敏感的触发因素；又如压力容器，压力升高是其敏感触发因素。因此，一定的危险源总是与相应的触发因素相关联。在触发因素的作用下，危险源转化为危险状态，继而转化为事故。

2. 重大危险源

根据《危险化学品重大危险源辨识》（GB 18218—2018），危险化学品重大危险源的定义是：长期地或临时地生产、储存、使用和经营危险化学品，且危险化学品的数量等于或超过临界量的单元。单元是指涉及危险化学品的生产、储存装置、设施或场所，分为生产单位和储存单元两类。

3. 危险点

所谓危险点，是指在作业中有可能发生危险的地点、部位、场所、工器具或动作等。危险点包括三个方面：一是有可能造成危害的作业环境，直接或间接地危害作业人员的身体健康，诱发职业病；二是有可能造成危害的机器设备等物质，如转机对轮无安全罩，与人体接触造成伤害；三是作业人员在作业中违反有关安全技术规范或工艺流程，随心所欲地作业。

4. 危险、有害因素

可能导致伤害、疾病、财产损失、环境破坏的根源或状态。

5. 危险、有害因素识别

识别危险、有害因素的存在并确定其性质的过程。

6. 风险

发生特定危险事件的可能性与后果的结合。

7. 风险评价

评价风险程度并确定其是否在可承受范围的过程。

8. 风险控制

根据风险评价的结果及经营运行情况等，确定优先控制的顺序，采取措施消减风险，将风险控制在可以接受的程度，预防事故的发生。

（二）危险源辨识

危险源辨识是指识别危险源并确定其特性的过程。危险源辨识不但包括对危险源的识别，而且必须对其性质加以判断。国内外已经开发出的危险源辨识方法有几十种之多，如安全检查表、预危险性分析、危险和操作性研究、故障类型和影响性分析、事件树分析、故障树分析、LEC 法、储存量比对法等。

1. 识别危害（危险源）方法

(1) 按物的不安全状态（使事故可能发生的不安全舞台条件或物质条件）进行识别

《企业职工伤亡事故分类》（GB 6441—1986）中将物的不安全状态归纳为防护、保险、信号等装置缺乏或有缺陷，设备、设施、工具附件有缺陷，个人防护用品用具缺少或有缺陷以及生产（施工）场地环境不良四大类。

(2) 按人的不安全行为（违反安全规则或安全常识，使事故有可能发生的行为）进行识别

《企业职工伤亡事故分类》（GB 6441—1986）中将人的不安全行为归纳

为操作失误、造成安全装置失效、使用不安全设备等13个大类。

（3）按导致事故和职业危害的直接原因进行识别

《生产过程危险和有害因素分类与代码》（GB/T 13861—2009）将生产过程中各种主要危险和有害因素分为四类：

①人的因素：在生产活动中，来自人员或人为性质的危险和有害因素；

②物的因素：机械、设备、设施、材料等方面存在的危险和有害因素；

③环境因素：生产作业环境中的危险和有害因素；

④管理因素：管理和管理责任缺失所导致的危险和有害因素。

2. 风险评价

在以临界（风险）评估方法进行风险量化评估中，临界（风险）C 的第一级标准以事故后果严重性（就环境方面而言，包括其重要程度及周边环境的敏感程度），以及对事故发生频率的评估为基础，其公式如下：

$$C=G\times O \qquad G=I\times S \qquad C=I\times S\times O$$

$C>1$ 或 $G>16$ 时，则应确定为重大危险源。

（C：临界；I：重要性；O：发生频率；S：敏感度；G：严重性）

上述公式和判断较好地反映或揭示了客观事实，即 C 相同的情况下，其包含的残余风险可能不同，特别是在 $C<1$ 时，如果 $G>16$，也应当确定为重大危险源。其两维的风险评判方法，不仅综合考虑重要性、敏感度（严重性）和发生频率，同时特别考虑其严重性，即对那些发生频率较小但严重性高的，仍然可确定为重大风险源。

企业可根据需要，选择有效、可行的风险评价方法进行风险评价。常用的评价方法有。

（1）工作危害分析（Job Hazard Analysis，JHA）

工作危害分析适合于对作业活动中存在的风险进行分析，制定控制和改进措施，以达控制风险、减少和杜绝事故的目标。识别作业活动过程中的危险、有害因素通常要划分作业活动。作业活动的划分可以按生产流程的阶段、地理区域、装置、作业任务、生产阶段、部门划分或者将上述方法结合起来进行划分。进入受限空间，储罐内部清洗作业，带压堵漏，物料搬运，机（泵）械的组装操作、维护、改装、修理，药剂配制，取样分析，承包商现场作业，吊装等皆属作业活动。

在识别出作业活动、设备设施、作业环境等存在的危险有害因素后，应依据风险评价准则，选定合适的评价方法，定期和及时对作业活动和设备设施进行危险、有害因素识别和风险评价。在进行风险评价时，应从影响人、财产和环境三个方面的可能性和严重程度分析。

从作业活动清单中选定一项作业活动，将作业活动分解为若干个相连的工作步骤，识别每个步骤的潜在危险、有害因素，然后通过风险评价，判定风险等级，制定风险控制措施。作业步骤应按实际作业步骤划分，划分不能过粗，亦不能过细，以能让人明白这项工作是如何进行的，对操作人员能起到指导作用为宜。

工作危害分析的主要目的是防止从事此项作业的人员受伤害，也要防止他人受到伤害，不使设备和其他系统受到影响或损害。分析时既要分析作业人员因工作不规范产生的危险及有害因素，也要分析作业环境存在的潜在危险有害因素和工作本身面临的危险及有害因素。

（2）安全检查表法（Safety Checklist Analysis，SCA）

安全检查表法是依据相关的标准、规范，对工程、系统中已知的危险类别、设计缺陷以及与一般工艺设备、操作、管理有关的潜在危险性和有害性进行判别检查。适用于工程、系统的各个阶段，是系统安全工程的一种最基础、最简便、广泛应用的系统危险性评价方法。运用SCA方法，发现系统及设备、机器装置和操作管理、工艺、组织措施中的各种不安全因素，列成表格进行分析。

安全检查表的编制主要是依据以下四个方面的内容：

①国家、地方的相关安全法规、规定、规程、规范和标准，行业、企业的规章制度、标准及企业安全生产操作规程；

②国内外行业、企业事故统计案例，经验教训；

③行业及企业安全生产的经验，特别是本企业安全生产的实践经验，引

发事故的各种潜在不安全因素及杜绝或减少事故发生的成功经验；

④系统安全分析的结果，如采用事故树分析方法找出的不安全因素，或作为防止事故控制点源列入检查表。

（3）预先危险性分析（Preliminary Hazard Analysis，PHA）

预先危险分析也称初始危险分析，是安全评价的一种方法。该方法是在每项生产活动之前，特别是在设计的开始阶段，对系统存在的危险类别、出现条件、事故后果等进行概略的分析，尽可能评价出潜在的危险性。

预先危险性分析适用于固有系统中采取新的方法，接触新的物料、设备和设施的危险性评价。该方法一般在项目的发展初期使用。当只希望进行粗略的危险和潜在事故情况分析时，也可以用 PHA 对已建成的装置进行分析。

预先危险性分析是进一步进行危险分析的先导，是一种宏观概略定性分析方法。在项目发展初期使用 PHA 有以下优点：①方法简单易行、经济、有效；②能为项目开发组分析和设计提供指南；③能识别可能的危险，用很少的费用、时间就可以实现改进。

（4）危险与可操作性分析（Hazard and Operability Study，HAZOP）

危险与可操作性分析是过程系统（包括流程工业）的危险（安全）分析（PHA）中一种应用最广的评价方法，是一种形式结构化的方法。HAZOP 全面、系统地研究过程系统中每一个元件，其中重要的参数偏离了指定的设计条件所导致的危险和可操作性问题，主要通过研究工艺管线和仪表图、带控制点的工艺流程图（P&ID）或工厂的仿真模型来确定，重点分析由管路和每一个设备操作而引发潜在事故的影响，应选择相关的参数，例如流量、温度、压力和时间，然后检查每一个参数偏离设计条件的影响。采用经过挑选的关键词表，例如“大于”“小于”“部分”等，来描述每一个潜在的偏离状况。最终应识别出所有的故障原因，得出当前的安全保护装置和安全措施。评估结论包括非正常原因、不利后果和所要求的安全措施。

HAZOP 操作既适用于设计阶段，又适用于现有的生产装置。HAZOP 可以应用于连续的化工过程，也可以应用于间歇的化工操作过程。

（5）潜在的失效模式及后果分析（Failure Mode and Effects Analysis，FMEA）

FMEA 是在产品设计阶段和过程设计阶段，对构成产品的子系统、零件等的各个工序逐一进行分析，找出所有潜在的失效模式，并分析其可能产生的后果及风险，从而预先采取必要的措施，以提高产品的质量和可靠性的一种系统化的活动。

FMEA 开始于产品设计和制造过程开发活动之前，并指导贯穿于整个产品周期。分析系统中所有产品可能产生的故障模式及其对系统造成的全部可能影响，并按每一种故障模式的严重程度、检测难易程度以及发生频度予以分类的一种归纳分析方法。

开展 FMEA 可以指出设计上可靠性的弱点，提出对策；针对要求规格、环境条件等，利用实验设计或模拟分析，对不适当的设计实时加以改善，减少无谓的损失；有效地实施 FMEA，可缩短开发时间及开发费用；在 FMEA 发展初期，以设计技术为考虑，但后来的发展，除设计阶段使用外，制造工程及检查工程亦可适用，同时可改进产品的质量、可靠性与安全性。

（6）故障树分析（Fault Tree Analysis，FTA）

故障树分析主要用于安全工程以及可靠度工程的领域，用以了解系统失效的原因，并且找到最好的方式降低风险，或是确认某一安全事故或是特定系统失效的发生率。故障树分析也用于航空航天、核动力、化工制程、制药、石化业及其他高风险产业，也会用在其他领域的风险识别，例如社会服务系统的失效。故障树分析也用于软件工程，在侦错时使用与消除错误原因的技术有很大关系。

在航空航天领域中，更广泛的词语“系统失效状态”用在描述从底层不希望出现的状态到最顶层失效事件之间的故障树。这些状态会依其结果的严重性来分类。结果最严重的状态需要用最广泛的故障树分析来处理。这类的“系统失效状态”及其分类以往会由机能性的危害分析来处理。

故障树分析可以用于：了解最上方事件和下方不希望出现状态之间的关系；显示系统对于系统安全或可靠度规范的符合程度；针对造成最上方事件的各种原因列出优先次序；针对不同重要性的量测方式建立关键设备、零件、事件的列表；监控及控制复杂系统的安全性能最小化及最佳化资源需求；协助设计系统，可以作为设计工具，创建输出或较低层模组的需求；诊断工具，可以用来识别及修正会造成最上方事件的原因，有助于创建诊断手册或诊断程序。

（7）事件树分析法（Event Tree Analysis，ETA）

事件的分析法是安全系统工程中常用的一种归纳推理分析方法，起源于决策树分析（DTA）。它是一种按事故发展的时间顺序由初始事件开始推论可能的后果，从而进行危险源辨识的方法。这种方法将系统可能发生的某种事故与导致事故发生的各种原因之间的逻辑关系用一种称为事件树的树形图表示，通过对事件树的定性与定量分析，找出事故发生的主要原因，为确定安全对策提供可靠依据，以达到预测与预防事故发生的目的。事件树分析法已从宇航、核工业进入一般电力、化工、机械、交通等领域，它可以进行故障诊断、分析系统的薄弱环节、指导系统的安全运行、实现系统的优化设计等。

ETA 的功能主要有：可以事前预测事故及不安全因素，估计事故的可能后果，寻求最经济的预防手段和方法；事后用 ETA 分析事故原因，十分方便明确；ETA 的分析资料既可作为直观的安全教育资料，也有助于推测类似事故的预防对策；当积累了大量事故资料时，可采用计算机模拟，使 ETA 对事故的预测更为有效；在安全管理上用 ETA 对重大问题进行决策，具有其他方法所不具备的优势。

（8）作业条件危险性分析（LEC）

该方法用与系统风险有关的三种因素指标值的乘积来评价操作人员伤亡风险大小，这三种因素分别是 L（likelihood，事故发生的可能性）、E（exposure，人员暴露于危险环境中的频繁程度）和 C（criticality，一旦发生事故可能产生的后果）。给三种因素的不同等级分别确定不同的分值，再以三个分值的乘积 D（danger，危险性）来评价作业条件危险性的大小。

风险分值可用如下公式表：

$$D = LEC$$

D 值越大，说明该系统危险性越大，需要增加安全措施，或改变发生事故的可能性，或减少人体暴露于危险环境中的频繁程度，或减轻事故造成的损失，直至调整到允许范围内。

用 LEC 法评价人们在某种具有潜在危险的环境中进行作业的危险程度，简单易行，危险程度的级别划分比较清楚、醒目。但是，由于它主要是根据经验来确定三个因素的分数值及划定危险程度等级，因此具有一定的局限性。而且 LEC 是一种作业的局部评价，故不能普遍适用。此外，在具体应用时，还可根据自己的经验、具体情况对该评价方法作适当修正。

二、重大危险源与隐患管理

（一）重大危险源概念的由来

20 世纪 70 年代以来，预防重大工业事故引起国际社会的广泛重视。随之产生了“重大危害”（major hazards）、“重大危害设施”（major hazard installations，国内通常称为重大危险源）等概念。

英国是最早系统地研究重大危险源控制技术的国家。英国卫生与安全委员会设立了重大危险咨询委员会（ACMH），并在 1976 年向英国卫生与安全监察局提交了第一份重大危险源控制技术研究报告。英国政府于 1982 年颁布了《关于报告处理危害物质设施的报告规程》，1984 年颁布了《重大工业事故控制规程》。

1993 年 6 月第 80 届国际劳工大会通过的《预防重大工业事故公约》将“重大事故”定义为，在重大危害设施内的一项活动过程中出现意外的突发性的事故，如严重泄漏、火灾或爆炸，其中涉及一种或多种危险物质，并导致对工人、公众或环境造成即刻的或延期的严重危险。对重大危害设施定义为，不论长期地或临时地加工、生产、处理、搬运、使用或储存数量超过临界量的一种或多种危险物质，或多类危险物质的设施（不包括核设施、军事设施以及设施现场之外的非管道的运输）。

根据《危险化学品重大危险源辨识》（GB 18218—2018），危险化学品重大危险源是指长期地或临时地生产、储存、使用和经营危险化学品，且危险化学品的数量等于或超过临界量的单元。

《中华人民共和国安全生产法》中危险化学品重大危险源定义为：长期地或者临时地生产、搬运、使用或者储存危险物品，且危险物品的数量等于或者超过临界量的单元（包括场所和设施）。

有了上述危险源的概念，我们也可以将重大危险源（major hazards）理解为超过一定量的危险源。

另外，从重大危险源另一英文定义“major hazard installations”来看，还直接引用了国外“重大危险设施”的概念。确定重大危险源的核心因素是危险物品的数量是否等于或者超过临界量。所谓临界量，是指对某种或某类危险物品规定的数量，若单元中的危险物品数量等于或者超过该数量，则该单元应定为重大危险源。具体危险物质的临界量，由危险物品的性质决定。

（二）隐患管理

1. 事故隐患

在日常的生产过程或社会活动中，由于人的因素、物的变化以及环境的影响等会产生各种各样的问题、缺陷、故障、苗头、隐患等不安全因素，如果不发现、不查找、不消除，就会扰乱和影响生产过程或社会活动的正常进行。这些不安全因素有的是疵点、缺点，只要检查发现后进行消缺处理便能解决问题，不会生成激发潜能（例如动能、势能、化学能、热能等）的条件；有的则具有生成激发潜能的条件，便形成事故隐患。不进行整治或不采取有效安全措施，易导致事故的发生。

事故隐患是指作业场所、设备及设施的不安全状态，人的不安全行为和管理上的缺陷，是引发安全事故的直接原因。重大事故隐患是指可能导致重大人身伤亡或者重大经济损失的事故隐患。加强对重大事故隐患的控制管理，对于预防特大安全事故有重要的意义。

2. 事故隐患界定的原则

在众多的问题、缺陷、故障、苗头、隐患等不安全因素中，是否可能蕴藏着激发潜能突然释放而发生与人的意志相反或与客观规律相违背，会迫使生产和行动暂时地或永久地停止的事故条件。即是否有隐藏或潜伏在内部的祸患、危机或危险事件。

问题、缺陷、故障、苗头都是外露性的，有现象表现出来。事故隐患则是内涵性的，要透过现象才能分析判定。因此，事故隐患呈现了内在本质的薄弱点（或称危险点、危险源），靠人的知识和经验、靠科学的评估和计算、靠科学检测仪器的探测和监视才能予以发现，并采取对策措施予以整治，把事故消灭在萌芽状态之中。

3. 事故隐患的技术分析

诊断或辨识事故隐患是一项技术含量较高和难度较大的工作，必须从大量采集的现象中进行技术分析来发现和查寻。主要从以下几个方面进行。

（1）定期检查

设备、安全、技术、施工、消防、卫生等各种专业人员的不定期检查，了解关键设备、重点部位、受监控的危险点（源）和安全卫生、消防设施的工作状态，从中可能掌握安全信息。其特点是专业性、针对性强，仔细全面。这一点对企业加强对关键要害（重点）部位和过程安全监控力度尤为重要。因为关键要害（重点）部位和过程的安全状况对企业的安全生产起着至关重要的决定性影响作用。各种形式的安全生产大检查（例如季节性安全检查、节假日前安全检查、每月一次的公司大检查等），可以从面上得到大量安全信息（如问题、缺陷、苗头甚至直接的隐患）。

通过机械设备大检修、中修或紧急停机后的抢修，获取有关机械设备的实际安全信息。通过事故分析，举一反三，吸取教训，寻找隐患。运用危险性预分析、安全评价、风险评估、事故树逻辑分析等各种安全科学方法，寻找潜在危险，发现事故隐患。

（2）人员思想

思想上对隐患的错误认识，是最大的隐患。首先企业领导要牢固树立“安全第一”的思想，认真落实国家有关安全法规和规定，扎实履行安全生产第一责任人职责，贯彻“预防为主，综合治理”的方针，采取有效措施，确保安全无故事。企业在组织隐患整改时，应认真制订实施方案，其措施应具有科学性、先进性、可靠性、长远性、可操作性。尽可能采用新技术、新材料、新设备、新的安全装置，能够具有安全可靠性，易操作、易维修。在实施中要定人、定时间，明确整改工作责任人，保质保量地按时完成，安全技术部门要审查整改措施，验收整改工作。最后还应制定措施，保证所整改的内容能够得到巩固，发挥作用。

（3）资金保障

资金是保证整改工作的重要条件，缺少资金投入就难以整改隐患。这个问题在当前较为突出，没有资金的投入必然隐患依旧，企业就不能持续安全生产。在市场经济中的企业，效益和安全都是企业的生命，缺少哪一方面企业都难以生存。消除了危险源，防止了因事故所造成的重大损失，是一种更大的效益。投入资金治理隐患，关键是领导对安全的重视程度，花钱整改隐患看起来费了些钱，可一旦酿成事故企业就会遭受重大损失甚至破产，岂不因小失大。因此保证整改隐患所需资金，是一个聪明的企业决策者的选择。

（4）发现和辨别动态的隐患

无数事故分析证实，隐患存在是事故的成因。多一个隐患就多一个发生事故的危险。同时，隐患也是变化的、动态的。有生产活动就会有隐患，老的隐患解决了，新的隐患又出现了；有的隐患是动态的，有的是静止的；有的隐患会反复产生，有的隐患是直观的，有的是潜在、不易发现的。有些隐患随着时间而发生变化，有的隐患会在瞬间发生裂变。隐患有着不同程度的危险性，隐患来自各个方面、各种原因。认识隐患是预防隐患的前提，要运用监测监控手段、管理手段、技术手段，做好预防隐患的工作。防止隐患存在，这就要求我们在设计、制造、产品、安装、生产过程中不留下隐患。开展经常性安全检查，及时整改隐患，不给隐患留有存在和发展的机会。预防隐患比整改隐患更具有意义。

4. 隐患治理

隐患排查治理和风险分级管控的关系：安全风险分级管控是隐患排查治理的前提和基础，隐患排查治理是安全风险分级管控的强化与深入。事故隐患来源于安全风险的管控失效或弱化，安全风险得到有效管控就会不出现或少出现隐患。

隐患治理“五落实”：责任、措施、资金、时限和预案。

重大事故隐患治理要严格落实“分级负责、领导督办、跟踪问效、治理销号”制度。

风险和隐患管控“五个一”责任机制：确定一名领导包抓、制订一个管控（治理）预案、落实一套管控（治理）措施、明确一名管控（治理）责任人、复查提交一份管控（治理）报告。

风险管控七项制度：分级管控、日常巡查、专家会诊、在线监控、风险告知、评估预警、安全准入制度。

隐患排查治理闭环管理体系：建立事故隐患登记报告、限期整改、整改公示、验收销号等制度。

安全监管“六个一”标准：全面推行一个管控方案、一套辨识标准、一张风险分布四色图、一块风险管控公示牌、一份管控责任清单、一套管控措施清单。

三、职业健康安全管理体系的发展

现代社会是一个高度工业文明的社会，但是随着生产的发展，市场竞争日益加剧，社会往往过多地专注于发展生产，而有意无意间忽视了劳动者的劳动条件和环境状况的改善，或者说劳动者的劳动条件和环境状况的改善进展与生产的发展速度极不相称，由此造成了不文明生产的现象。

根据国际劳工组织统计，全世界每年发生各类生产伤亡事故约为 2.5 亿起，平均每天 68.5 万起，其中死于生产事故和劳动疾病人数约为 110 万人。由此看来，全球职业健康安全状况呈恶化趋势。英国卫生与安全委员会的研究报告显示，工厂伤害、职业病和可防止的非伤害性意外事故所造成的损失，占英国企业获利的 5%~10%。各国对职业安全卫生方面的法令规定日趋严格，越来越重视对人员安全的保护，有关的配合措施相继展开，各相关方对工作场所及工作条件的要求不断提升。保障员工的职业健康安全是组织的法律责任。各类组织日益关心如何控制其作业活动、产品或服务对其员工所造成的各种危害风险，并考虑将对职业健康安全的管理纳入企业日常的管理活动中。

由于许多新技术、新材料、新设备的广泛应用，以及新产业的不断出现，生产过程中随之又产生和发现了许多前所未有的新职业健康安全问题，如电磁辐射对人体的伤害是随着有关电磁波技术的广泛应用而大量出现。但是，社会对研究解决新的职业健康安全问题的重视程度远远不如对生产的重视程度。

（一）职业卫生安全系列标准产生的背景及其发展

自20世纪80年代末开始，一些发达国家率先开展了研究及实施职业安全健康管理体系的活动。国际标准化组织（ISO）及国际劳工组织（ILO）研究和讨论职业安全健康管理体系标准化，许多国家也相应建立了自己的工作小组开展这方面的研究，并在本国或所在地区完善这一标准，为了适应全球日益增加的职业安全健康管理体系认证需求，1999年英国标准协会（BSI）、挪威船级社（DNV）等13个组织提出了职业安全卫生评价系列（Occupational Health and Safety Assessment Series）标准，即OHSAS 18001和OHSAS 18002，成为国际上普遍采用的职业安全与卫生管理体系认证标准。该系列标准总结并凝聚了英国及欧盟国家先进的职业安全健康管理经验成果，提供了全面、系统化、积极主动（预防）的安全风险控制理念和方法，利于保障员工和相关人员的安全和健康，利于组织持续完善内部管理，有效防控风险，减少及避免损失。它成为继实施ISO 9000、ISO 14000标准之后又一个得到广泛推崇和应用的国际标准。

职业健康安全管理体系（Occupational Health and Safety Management System，OHSMS），是20世纪80年代后期在国际上兴起的现代安全生产管理模式，它与ISO 9000、ISO 14000等标准化管理体系一样，被称为后工业时代的管理办法。OHSMS产生的主要背景之一是企业自身发展的需要。随着企业规模的扩大和生产集约化程度的提高，对企业的质量管理和经营模式提出更高的要求，促使企业采用现代化的管理模式，使包括生产管理在内的所有生产经营活动科学化、标准化、法律化。背景之二是在全球经济一体化潮流推动下出现的职业健康安全标准一体化。

国际标准化组织（ISO）于1994年5月在澳大利亚国际会议上提出发布

职业健康安全管理体系的国际标准，其后成立了由中、美、英、法、德等国及国际劳工组织和世界卫生组织的代表组成的特别工作组进行专门研究。1997 年，根据特别工作组的研究结果，ISO 成员大会进行了表决：制定职业健康安全管理体系国际标准的时机尚未成熟，待将来时机成熟后再制定。

经过 ISO 9001 和 ISO 14001 标准的几轮换版后，ISO 终于在 2018 年 3 月 11 日发布实施了 ISO 45001：2018《职业健康安全管理体系　要求及使用指南》，它规定了职业健康安全管理体系通用要求，以帮助各类组织能够控制其职业健康安全风险并改进其绩效。负责 ISO 45001 标准开发委员会的主席（大卫·史密斯）David Smith 公开表示：在职业健康与安全管理方面，OHSAS 18001 已经是一个被广泛应用的成熟标准。本次开发 ISO 标准，一方面是希望企业能便捷地将职业健康和安全的工具整合入已有的管理体系中，另一方面希望 ISO 在国际上的认可度可以给本标准带来进一步的可信度，从而带动其更广泛的应用。作为职业健康安全管理体系的第一个 ISO 标准，ISO 45001 的构建借助了 OHSAS 18001 的已有规范，同时也结合了主要利益相关方的需求。

（二）我国职业健康安全管理发展过程

2001 年，由中国标准研究中心、中国合格评定国家认可中心和中国国家进出口企业认证机构认可委员会共同制定了《职业健康安全管理体系　规范》（GB/T 28001—2001），2002 年发布了《职业健康安全管理体系　指南》（GB/T 28002—2002）。我国于 2000 年将其转化为《职业健康安全管理体系　规范》（GB/T 28001—2001 idt OHSAS 18001：1999），同年，国家经贸委发布了《职业安全健康管理体系审核规范》并在我国开启职业健康安全管理体系认证。

2012 年 2 月 1 日，中华人民共和国国家质量监督检验检疫总局、中国国家标准化管理委员会发布实施 GB/T 28001—2011 等同采用 OHSAS 18001：2007。组织依据 GB/T 28001（idtOHSAS 18001）要求结合实际做好本组织的 OHSMS 建设，使之有效运行并持续改进，发挥体系的价值，促进组织内部管理完善和提升，与世界先进水平同步。

2020 年 3 月 6 日，中华人民共和国国家市场监督管理总局、中国国家标准化管理委员会发布实施等同采用ISO 45001：2018的《职业健康安全管理体系　要求及使用指南》（GB/T 45001—2020）。该标准既没有规定具体的职业健康安全管理绩效准则，也没有提供详细的管理体系设计规范，要求组织根据其职业健康安全方针、活动性质、运行的风险与复杂性等因素设计和建立其职业健康安全管理体系。适合于各个国家的各行各业的组织，具有鲜明的管理体系特点。做好组织或企业的安全风险管控，需有好的安全技术和好的安全管理支撑。职业健康安全管理体系是经实践验证的、先进的、普遍适用的安全风险防控的好方法。为组织安全管理改进提供了方法和捷径。

四、《职业健康安全管理体系　要求及使用指南》与《企业安全生产标准化基本规范》

（一）职业健康安全管理体系的主要内容

《职业健康安全管理体系　规范》（GB/T 28001—2001）在我国推行多年，有力地促进了我国职业健康安全管理水平的提高，越来越多的组织按照该标准建立、实施、保持和持续改进职业健康安全管理体系。

职业健康安全管理体系是组织全部管理体系的一个组成部分，包括为制定、实施、评审和保持职业健康安全方针所需的组织机构、策划、活动、职责、制度、程序、过程和资源。它的基本思想是实现体系持续改进，通过周而复始地进行“计划、实施、监测、评审”活动，使体系功能不断加强。它要求组织在实施职业安全卫生管理体系时与时俱进，对体系进行不断修正和完善，最终实现预防和控制工伤事故、职业病及其他损失的目标。

1.《职业健康安全管理体系　要求及使用指南》的主要内容

2020年3月6日发布的《职业健康安全管理体系　要求及使用指南》（GB/T 45001—2020），代替原来的《职业健康安全管理体系　规范》（GB/T 28001—2001）和《职业健康安全管理体系　使用指南》（GB/T 28002—2001）。

《职业健康安全管理体系　要求及使用指南》（GB/T 45001—2020）分为10个章节，分别为范围、规范性引用文件、术语和定义、组织所处的环境、领导作用和工作人员参与、策划、支持、运行、绩效评价和改进。明确职业健康安全管理体系的作用是为管理职业健康安全风险和机遇提供一个框架。职业健康安全管理体系的目的和预期结果是防止工作人员造成与工作相关的伤害和健康损害，并提供健康安全的工作场所。因此，对组织而言，采取有效的预防和保护措施以消除危险源和最大限度地降低职业健康安全风险至关重要。组织通过实施职业健康安全管理体系，能够提高其职业健康安全绩效。如果及早采取措施以把握改进职业健康安全绩效的机会，职业健康安全管理体系将会更加有效和高效。

《职业健康安全管理体系　要求及使用指南》的主要方向是指导组织高水平、系统化地理解那些有重大影响的因素（包括正面的或是负面的），指导组织如何管理在其职业健康安全管理体系控制下工作的人员，探讨是哪些因素影响了组织实现其预期成果（包括其职业健康安全目标）的能力，以实现其职业健康安全的承诺。

2. 与原标准相比发生的变化

《职业健康安全管理体系　要求及使用指南》（简称《使用指南》）（GB/T 45001—2020）与《职业健康安全管理体系　规范》（GB/T 28001—2001）相比，除了高级结构框架的变化，如采用了 ISO Annex SL 中规定的高级结构作为框架，在确保 ISO 45001 与其他管理体系标准如 ISO 9001 和 ISO 14001 的一致性的前提下，用更加契合业务发展的方式来运行外，还有以下重要的变化。

更加关注组织环境，要求组织考虑那些来自职业健康安全管理方面的社会因素。

引入风险思维的理念来建立、实施和保持组织自身的职业健康安全管理体系，而不只是职业健康安全（OHS）风险；在制定和实施职业健康安全管理体系时应引入风险思维将体系与组织环境密切结合在一起。组织必须识别所有亟须解决的与组织环境相关的或由组织环境起决定因素的风险和机遇，以确保职业健康安全管理体系能够达到预期效果。组织必须策划和制定有效措施以应对这些风险和机遇，在其职业健康安全管理体系过程中加以整合及实施，并评估这些措施的有效性。

强调领导力，即来自高层的承诺。高层管理者必须直接参与到职业健康安全管理体系中，在战略规划中兼顾职业健康安全的绩效，并在组织内深刻理解认识关于建立有效的职业健康安全管理体系及符合其要求的重要性。以往在体系中对高层管理者的职责要求，将被允许分派到各级的健康安全经理身上；高层管理者还必须积极发挥领导作用，支持各职能人员，推动和领导关于职业健康安全管理体系的组织文化，确保职业健康安全管理体系有效实施。

要求组织说明如何管理供应商和承包商的风险。组织应确保那些影响其职业健康安全管理体系的外包过程均得到识别和控制。对这些过程所涉及的供应商和承包商，应确保他们在工作场所中执行和贯彻相关要求和规定。

术语“文件化信息”取代“文件和记录”。相关的证据不必非得用一个正式的文件系统来保持，如智能手机和平板电脑持有的电子信息，现在都可以作为证据。

（二）《企业安全生产标准化基本规范》的发展变化

1. 企业安全生产标准化的提出和背景

2004年国务院印发了《关于进一步加强安全生产工作决定》（国发〔2004〕2号）（以下简称《决定》），要求在全国所有工矿商贸、交通运输、建筑施工等企业普遍开展安全生产标准化活动。为了贯彻落实《决定》，国家安全监管总局下发了相关指导文件，并陆续在煤矿、金属非金属矿山、危险化学品、烟花爆竹、冶金、机械等行业开展了安全生产标准化创建活动，以加强基层和基础工作，有效提升企业的安全生产管理水平。

2010年4月15日，国家安全监管总局为贯彻落实全国安全生产电视电话会议精神，加强企业安全生产规范化建设，在总结近年安全生产监管工作经验的基础上，发布了安全生产行业标准，即《企业安全生产标准化基本规范》（AQ/T 9006—2010），于2010年6月1日起实施。旨在进一步落实企业安全生产的主体责任，对各行业已经开展的安全生产标准化工作，在形式要求、基本内容、考评办法等方面作出相对一致的规定，使企业的安全生产工作更加有据可依、有章可循，是可操作性较强的行业标准。对全面推进企业安全生产标准化工作，深入贯彻落实国家关于安全生产的方针政策和法律法规意义重大。

为了进一步强化安全生产科学管理力度，2017 年 4 月 1 日国家正式发布了安全生产行业推荐性标准《企业安全生产标准化基本规范》（以下简称《基本规范》）（GB/T 33000—2016）。侧重关注“基层”和“基础”，强调了“生产环节”的控制要求，如明确生产设备设施、作业安全、隐患排查和治理、重大危险源监控、职业健康等现场运行控制的内容，对安全生产管理提供了更加具体的、操作性更强的方法、规范及指南。该标准与 ISO 45001、ISO 14001 和 ISO 9001 都是基于 PDCA 过程方法论和系统管理、预防为主、自我完善的思想，这些标准要求具有兼容性，使企业能够将它们的要求协调或整合实施，使组织实现质量安全及环保风险的防控更为有效和高效。

2.《基本规范》的主要内容

（1）企业安全生产标准化的定义

“企业安全生产标准化”是指企业通过落实安全生产主体责任，全员全过程参与，建立并保持安全生产管理体系，全面管控生产经营活动各环节的安全生产与职业卫生工作，实现安全健康管理系统化、岗位操作行为规范化、设备设施本质安全化、作业环境器具定置化，并持续改进。这一定义涵盖了企业安全生产工作的全局，是企业开展安全生产工作的基本要求和衡量尺度，也是企业加强安全管理的重要方法和手段。而《中华人民共和国标准化法》中的“标准化”，主要是通过制定、实施国家及行业等标准，来规范各种生产行为，以获得最佳生产秩序和社会效益的过程，二者有所不同。

企业要搞好安全生产，必须结合实际开展相应的标准化。因为标准化能使企业具备基本的、较好的本质安全水平，而且能使企业的行为较好地符合安全生产法规和安全规范。通过开展安全生产标准化，对影响安全的物（包括物质、设备设施等）及状态、人（能力意识和状态）及人的行为（作业活动）、环境和管理活动做出具体、细致的规定，使人、机、料、法、环、监测的执行、监控和评价有章可循、有据可查，可以更好地保证硬件设施、现场环境、操作安全、职业危害的有效监控与管理，实现安全风险管控目标。

(2)《基本规范》的主要内容和特点

《基本规范》共分为范围、规范性引用文件、术语和定义、一般要求、核心要求5部分。在核心要求部分，对企业安全生产工作的目标职责、制度化管理、教育培训、现场管理、安全风险管控及隐患排查和治理、应急管理、事故管理和持续改进等方面作了具体规定。具有以下四个特点：

第一，《基本规范》采用了国际通用的策划（P）、实施（D）、检查（C）、改进（A）动态循环的PDCA现代安全管理模式。通过企业自我检查、自我纠正、自我完善这一动态循环的管理模式，能够更好地促进企业安全绩效的持续改进和安全生产长效机制的建立。

第二，《基本规范》是在煤矿、危险化学品、金属非金属矿山、烟花爆竹、冶金、机械等行业开展的安全生产标准化实践和安全生产监督管理部门监管实践基础上总结提炼出共性的基本要求，对各行业、各领域具有广泛适用性。

第三，《基本规范》贯彻了我国企业主体责任与外部监督相结合的安全监管原则，要求企业对安全生产标准化工作进行自主评定，并在自主评定基础上申请外部评审定级。安全生产监督管理部门对企业安全生产标准化评审定级进行监督管理。

第四，体现了安全生产标准化建设的系统管理思想。安全生产标准化建设是一个系统工程，由各个要素组成，各组成要素之间相互关联和相互作用。

(三)《基本规范》与《使用指南》的关系

1. 不同之处

(1) 范围不同

《基本规范》中“企业安全生产标准化”定义涵盖了企业安全生产工作的全局，是企业开展安全生产工作的基本要求和衡量尺度，也是企业加强安全管理的重要方法和手段。

《使用指南》中职业健康安全管理体系是总的管理体系的一个部分，便于组织对与其业务相关的职业健康安全风险的管理。它包括为制定、实施、实现、评审和保持职业健康安全方针所需的组织结构、策划活动、职责、惯例、程序、过程和资源。标准规定了对职业健康安全管理体系的要求及使用指南，旨在使组织能够提供健康安全的工作条件以预防与工作相关的伤害和健康损害，同时主动改进职业健康安全绩效。包括考虑适用的法律法规要求和其他要求并制定和实施职业健康安全方针和目标。

（2）性质不同

《使用指南》体现了可持续发展思想，并适用于各种文化、社会和组织的管理结构和体制。只要是有“建立、实施和保持职业健康安全管理体系，以提高职业健康安全，消除或尽可能降低职业健康安全风险（包括体系缺陷），利用职业健康安全机遇，应对与组织活动相关的职业健康安全体系不符合；持续改进组织的职业健康安全绩效和目标的实现程度；确保组织自身符合其所阐明的职业健康安全方针；证实符合本标准的要求”等愿望的组织都可以建立、实施、保持和持续改进职业健康安全管理体系。该规范为非强制性标准，是否实施取决于组织自身的战略选择。ISO 45001 除了要求在方针中承诺遵守适用的法律法规和其他应遵守的要求，以及进行风险防范和持续改进外，未提出对职业健康安全绩效的绝对要求。

而《基本规范》总结归纳了煤矿、危险化学品、金属非金属矿山、烟花爆竹、冶金、机械等高风险行业中已经颁布的安全生产标准化中的共性内容，提出了企业安全生产管理的共性要求，适应各行业安全生产工作的开展，以避免行业内自成体系的局面，是对企业安全生产的最低要求。

2. 相同之处

（1）目的相同

《使用指南》明确规定了职业健康安全管理体系的要求，并给出了其使用指南，以使组织能够通过防止与工作相关的伤害和健康损害以及主动改进其职业健康安全绩效来提供安全和健康的工作场所，而且职业健康安全绩效是指“与防止对工作人员的伤害和健康损害以及提供健康安全的工作场所的有效性相关的绩效”。

《基本规范》3.2 也提出了安全绩效“根据安全生产和职业卫生目标，在安全生产、职业卫生等工作方面取得的可测量结果”。5.2.4.2 要求“企业应每年至少评估一次安全生产和职业卫生法律法规、标准规范、规章制度、操作规程的适宜性、有效性和执行情况”；5.8.2 要求“企业应根据安全生产标准化管理体系的自评结果和安全生产预测预警系统所反映的趋势，以及绩效评定情况，客观分析企业安全生产标准化管理体系的运行质量，及时调整完善相关制度文件和过程管控，持续改进，不断提高安全生产绩效”。

绩效测量包括职业健康安全管理活动和在安全生产工作方面取得的结果的测量，因此两者的目的是一致的。

（2）管理模式相同

《基本规范》共分为范围、规范性引用文件、术语和定义、一般要求、核心要求 5 部分。在核心要求部分，对企业安全生产工作的目标职责、制度化管理、教育培训、现场管理、安全风险管控及隐患排查和治理、应急管理、事故管理和持续改进等方面的内容作了具体规定。《使用指南》分为范围、规范性引用文件、术语和定义、组织所处的环境、领导作用与员工参与、策划、支持、运行、绩效评价和改进 10 部分。

两者中有许多共同点，如危险源监控、职业健康、应急救援、事故的报告和调查处理、绩效评定和持续改进等，并且两个规范均是采用了国际通用的 PDCA 管理模式。通过企业动态循环的管理模式，能够更好地促进企业安全绩效的持续改进和安全生产长效机制的建立。

（四）《使用指南》与《基本规范》的融合

组织通过实施《职业健康安全管理体系　要求及使用指南》，明确保障员工的职业健康安全是组织的法律责任。各类组织通过关注如何控制其作业活动、产品或服务对其员工所造成的各种危害风险，并将对职业健康安全的管理纳入企业日常的管理活动中。换言之，就是通过建立职业健康安全管理体系，以“清楚阐明职业健康安全总目标和改进职业健康安全绩效的承诺”为指导，按照 PDCA 现代安全管理模式，通过对组织安全的本底值分析，明确需要控制的风险和隐患，围绕策划（P）的结果采取有效的治理措施（D），融合《基本规范》中的“制度管理”“教育培训”“现场管理”“安全风险管控及隐患排查和治理”“应急管理”“事故管理”“持续改进”等具体要求；监督检查（C）时除对绩效进行测量和监视外，还要对出现的事故事件进行事故报告、调查和处理；最终实现绩效评定和持续改进（A）。

具体而言，可以将《使用指南》与《基本规范》的内容通过以下几方面加以有机结合，进一步优化体系运行的结果——基于职业健康安全方针和目标，与组织的职业健康安全管理体系有关的可测量结果，达到共同追求的“职业健康安全”绩效。

1. 建立共同的法律法规获取渠道和合规性评价

《基本规范》5.2 提出了法律法规、标准规范、规章制度、操作规程以及评估、修订和文件档案管理，并规定“企业应建立安全生产和职业卫生法律法规、标准规范的管理制度，明确主管部门，确定获取的渠道、方式，及时识别和获取适用、有效的法律法规、标准规范，建立安全生产和职业卫生法律法规、标准规范清单和文本数据库”。该要求可以纳入或结合《使用指南》6.1.3“组织应建立、实施和保持一个过程，以便：a）确定并获取适用于组织危险源和职业健康安全风险的、最新的法律法规要求和其他组织应遵守的要求；b）确定如何将这些法律法规要求和其他要求应用于组织，并确定需要沟通的内容（见7.4）；c）组织在建立、实施、保持和持续改进其职业健康安全管理体系时必须考虑这些法律法规要求和其他要求；组织应保持和保留其适用的法律法规要求和其他要求的文件化信息，同时应确保对其进行更新以反映任何变化情况。”以及9.1.2“组织应策划、建立、实施和保持一个过程，以评价适用的法律法规要求和其他要求的符合性”。建立共同的法律法规收集渠道以及适用要求的合规性评价。

2.《基本规范》与《使用指南》结合

《基本规范》5.1.2 组织机构和职责关于“企业应落实安全生产组织领导机构，成立安全生产委员会，并应按照有关规定设置安全生产和职业卫生管理机构，或配备相应的专职或兼职安全生产和职业卫生管理人员，按照有关规定配备注册安全工程师，建立健全从管理机构到基层班组的管理网络”，与

《使用指南》5.3“最高管理者应确保在组织内部各层次分配并沟通职业健康安全管理体系内相关岗位的职责、责任和权限并保持文件化信息。组织内每一层次的员工应承担职业健康安全管理体系中其控制部分的职责”的要求一致。完全可以纳入《使用指南》5.3进行管理，在建立职业健康安全管理体系过程中，充分考虑《基本规范》中“企业应按规定设置安全生产管理机构，配备安全生产管理人员”的要求，会更加理顺职业健康安全管理体系的组织机构。

3. 利用《基本规范》的教育培训要求，完善人员能力确认

《基本规范》要求企业主要负责人和安全生产管理人员“应具备与本企业所从事的生产经营活动相适应的安全生产和职业卫生知识与能力。企业应对各级管理人员进行教育培训，确保其具备正确履行岗位安全生产和职业卫生职责的知识与能力。法律法规要求考核其安全生产和职业卫生知识与能力的人员，应按照有关规定经考核合格”。

对具体从业人员提出“企业应对从业人员进行安全生产和职业卫生教育培训，保证从业人员具备满足岗位要求的安全生产和职业卫生知识，熟悉有关的安全生产和职业卫生法律法规、规章制度、操作规程，掌握本岗位的安全操作技能和职业危害防护技能、安全风险辨识和管控方法，了解事故现场应急处置措施，并根据实际需要，定期进行复训考核”。“未经安全教育培训合格的从业人员，不应上岗作业”“煤矿、非煤矿山、危险化学品、烟花爆竹、金属冶炼等企业应对新上岗的临时工、合同工、劳务工、轮换工、协议工等进行强制性安全培训，保证其具备本岗位安全操作、自救互救以及应急处置所需的知识和技能后，方能安排上岗作业”“企业的新入厂（矿）从业人员上岗前应经过厂（矿）、车间（工段、区、队）、班组三级安全培训教育，岗前安全教育培训学时和内容应符合国家和行业的有关规定”“在新工艺、新技术、新材料、新设备设施投入使用前，企业应对有关从业人员进行专门的安全生产和职业卫生教育培训，确保其具备相应的安全操作、事故预防和应急处置能力”“从业人员在企业内部调整工作岗位或离岗一年以上重新上岗时，应重新进行车间（工段、区、队）和班组级的安全教育培训”“从事特种作业、特种设备作业的人员应按照有关规定，经专门安全作业培训，

考核合格，取得相应资格后，方可上岗作业，并定期接受复审”“企业专职应急救援人员应按照有关规定，经专门应急救援培训，考核合格后，方可上岗，并定期参加培训”；对其他人员提出“每年应接受再培训，再培训时间和内容应符合国家和地方政府的有关规定”“企业应对进入企业从事服务和作业活动的承包商、供应商的从业人员和接收的中等职业学校、高等学校实习生，进行入厂（矿）安全教育培训，并保存记录。外来人员进入作业现场前，应由作业现场所在单位对其进行安全教育培训，并保存记录”，等等。

这些具体要求为企业建立职业健康安全管理体系，满足《基本规范》7.2“确定对组织职业健康安全绩效有影响或可能有影响的员工所需的能力”的要求，提供了具体的可操作方法，并明确了针对人员的职责、能力及文化程度等不同层次的培训内容。

《使用指南》8.1 给出的关于运行控制的框架，都能在《基本规范》中找到执行的具体要求。例如《使用指南》8.1“组织应建立一个过程并确定实现减少职业健康安全风险的控制措施，通过运用下面的层级：a）消除危险源；b）用危险性较低的材料、过程、运行或设备替代；c）运用工程控制措施；d）运用管理控制措施；e）提供并确保使用充分的个人防护装备”。这在《基本规范》中都有具体的要求，如《基本规范》5.4 现查管理、5.5 安全风险管控及隐患排查治理等。另外，《基本规范》第 5 章核心要求中其他诸如应急管理、事故管理、持续改进等都与《使用指南》相关的要求相对应，具体见表 4-1。

表 4-1　《基本规范》与《使用指南》相关要求对照

序号	《基本规范》	《使用指南》
1	5.1.1　目标	6.2　职业健康安全目标及其实现的策划
2	5.1.2　机构和职责 5.1.3　全员参与	5.3　组织的岗位、职责、责任和权限
3	5.1.4　安全生产投入 5.1.5　安全文化建设 5.1.6　企业安全信息化建设	7.1　资源

续表

序号	《基本规范》	《使用指南》
4	5.2.1　法规标准识别 5.2.2　规章制度 5.2.3　操作规程 5.2.4　文档管理	6.1.3　确定适用的法律法规要求和其他要求 7.5　文件化信息
5	5.3.1　教育培训管理 5.3.2　人员教育培训	7.2　能力 7.3　意识 7.4　沟通
6	5.4.1　设备设施建设 5.4.2　作业安全 5.4.3　职业健康 5.4.4　警示标志	8.1　运行策划和控制
7	5.5.1　安全风险管理 5.5.2　重大危险源辨识与管理 5.5.3　隐患排查治理 5.5.4　预测预警	6.1.1　总则 6.1.2　危险源辨识及风险和机遇的评价 6.1.4　措施的策划 8.1　运行策划和控制
8	5.6.1　应急准备 5.6.2　应急处置 5.6.3　应急评估	8.2　应急准备和响应
9	5.7.1　报告 5.7.2　调查和处理 5.7.3　管理	10.1　事件、不符合和纠正措施
10	5.8.1　绩效评定 5.8.2　持续改进	9.1　监视、测量、分析和评价 9.2　内部审核 9.3　管理评审 10.2　持续改进

总之，《基本规范》通过企业满足外部强制性要求，将安全生产法律法规内容具体化和系统化，并运行使之成为企业的生产行为规范，从而更好地促进安全生产法律法规的贯彻落实。而《使用指南》是企业内部提升管理、追求卓越的自愿性行为，通过建立、实施、保持和持续改进职业健康安全管理体系，消除或减小因组织的活动而使员工和其他相关方可能面临的职业健康安全风险。两者有机地结合应用，不仅可以规范企业内部的安全生产工作、引导企业落实安全生产责任、做好职业安全生产工作，还能维护和保障从业

人员安全生产方面的合法权益，保护从业人员的身心健康。

（五）具有航天科技特色的安全生产管理体系

安全生产标准化建设工作，应遵循“安全第一、预防为主、综合治理”的方针，以隐患排查治理为基础，以规范作业现场安全管理为手段，以杜绝“三违”行为、实现本质安全为目的，建立安全健康的科研生产作业环境，保障各项任务的圆满完成。体现安全管理“谁主管、谁负责”的原则，从安全生产闭环管理入手，做到科研生产全过程确保安全，从产品研制、试验、生产、储存直至交付之前的每一个环节都要形成闭环，而且每个环节都必须做到安全可控，并将安全工作覆盖产品全寿命。对于具体的厂（所），要结合承担的任务，认真分析科研生产过程中存在的问题和薄弱环节，针对每一项任务、每一个环节、每一个工种、每一道工序均要制定严格的闭环安全管理措施，建立环环相扣的安全闭环管理机制。从设计、试验、生产、运输、储存、销毁全过程识别安全隐患，系统整合，做到安全生产闭环管理，做好安全生产的科学发展。最终目的就是落实“安全第一、预防为主、综合治理”的安全方针，实现有效的安全风险管控。

1.《使用指南》为基础，融合实施安全生产标准化和航天安全管理相关要求

职业健康安全管理体系搭建安全管理全系统基础平台。安全生产标准化建设是在职业健康安全管理体系平台上对“操作”的进一步标准化、规范化。以《使用指南》为基础整合实施《基本规范》和航天相关要求：一是要将安全生产标准化的要求、航天相关要求融入职业健康安全管理体系建设的 PDCA 中，通过将有关要求直接纳入体系文件或建立专项制度并导入（引用）到体系文件中，统筹策划与协调，健全一体化管理制度；二是在职业健康安全实际工作 PDCA 中，统筹计划安排，进行一体化部署实施；三是实行体系运行、安全生产标准化和航天特色安全管理的一体化监测与评价（评审/进行审核）。

基于过程方法整合《基本规范》和《使用指南》与航天安全管理相关要求的职业健康安全（安全生产）管理（过程）模式如图 4-1 所示。

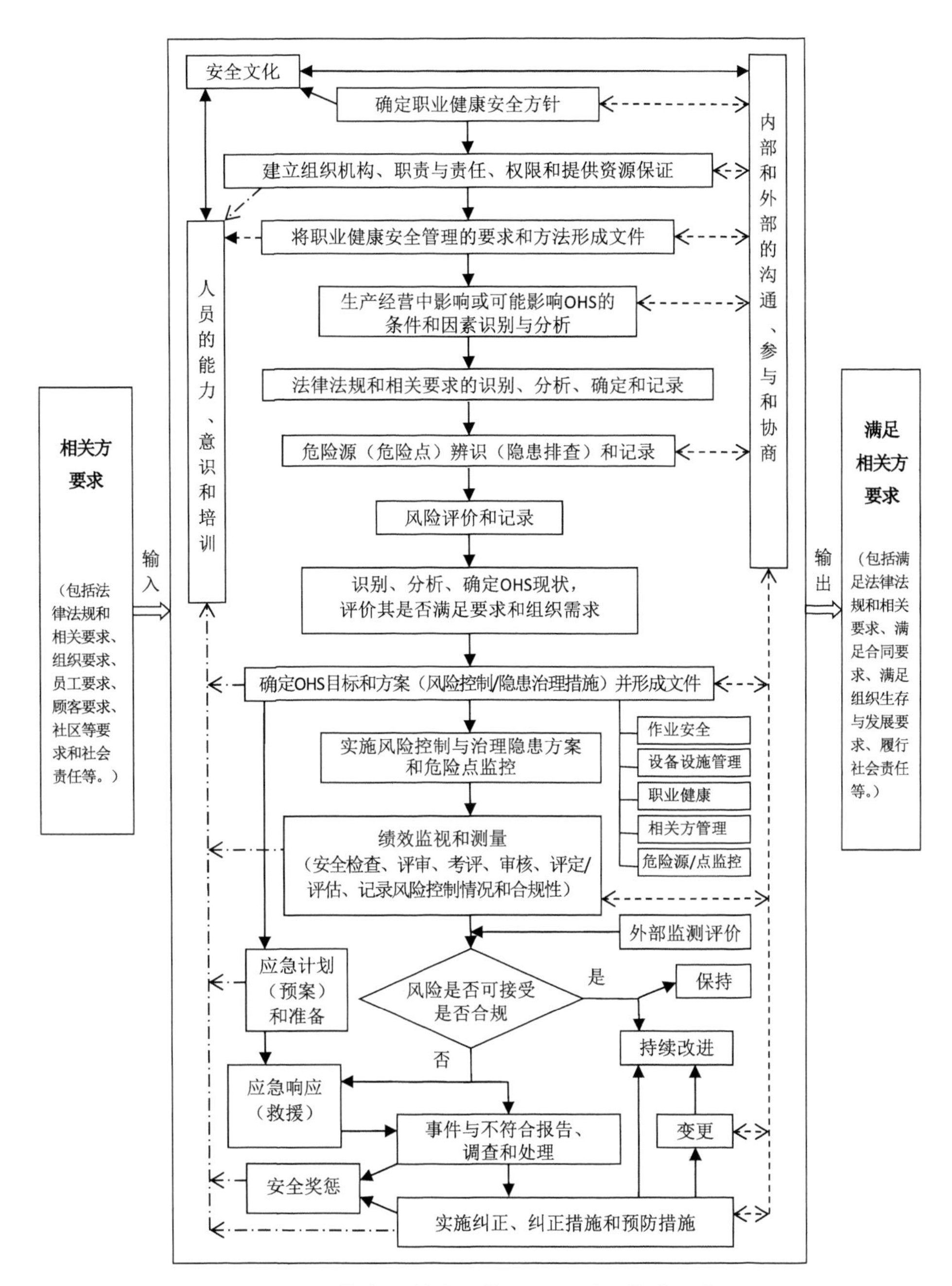

图 4-1　整合《基本规范》和《使用指南》与航天安全管理相关要求的职业健康安全管理模式

注：该图列出一般的（典型的逻辑顺序）过程及步骤，实际运行中可能需要在一些步骤之间进行迭代。

2. 结合实际推动安全生产标准化，创新安全管理，务求实效

按照“策划、实施、检查、改进”的思路，根据安全生产标准化体系建设的原则，结合实际，用简单、高效的方法将《基本规范》的相关要求落到实处，进一步发挥员工在安全生产标准化建设和安全管理中的重要作用，开展符合自身特点和需要的安全生产标准化建设。以职业健康安全管理体系、危险点动态评估、安全评价等已有的安全生产管理工作为基础，再评审和确认基于以往航天科技实践经验所建立的安全管理制度、标准和特色做法的持续适宜性，基于良好实践经验总结和安全管理理论、方法和新要求，构建具有航天科技特色的、完整的、有效的安全生产标准化体系和职业健康安全管理体系。主要包括：

第一，围绕和服务于当前需要和发展战略要求，结合实际，以适用法律法规和相关要求为依据，联系和融合相关管理体系和要求，统筹策划和实施安全生产标准化体系建设和安全工作。

第二，结合实际，突出重点，系统管理，标本兼治，务求实效。完善安全管理制度和标准体系要与本单位复杂程度、相关的危险源和风险相匹配，并按照有效性和效率的要求使文件数量尽可能少。将实际工作中的复杂问题进行必要和合理的简单化，使措施和制度要求简化、可行、管用（有效）。

第三，立足排查和治理本质安全隐患，增强本质安全，提高安全本底值。

第四，以健全安全责任制、岗位标准和岗位达标为着力点，提升员工个体和各级组织（院、厂所、科室、班组）集体安全素质，提升个人和各级组织（团队）践行安全承诺的意识和能力，提高岗位和各级安全生产与职业健康自我管理水平。

第五，严格监督检查和管理，实行厂（所）自我评定、院级复审、集团考评和按要求接受外部评审的监管模式。以岗位安全达标、班组安全达标、单位安全达标、安全评审等“立体”安全监管网络，建立和有效运行航天科技安全生产标准化考评体系，保障和促进安全标准化体系建设的有效实施和持续改进。

第六，持续改进安全生产标准化和职业健康安全管理体系的系统工程建

设，识别与管理相关过程和过程之间的相互关系，发挥系统管理优势，有效和高效地满足不断变化的职业健康安全的内、外部要求，提升安全风险防范能力。

航天科技工业在50余年发展历程中，通过安全生产实践、不断总结提高，取得了很多安全技术成果和安全管理经验。但内外部环境不断变化，技术迅猛发展，任务加重和拓展，安全管理需与时俱进。宜结合实际变化与发展需要，不断总结实践、学习新要求和新技术，继承和创新，设计开发适合本单位实际的有效的安全管理方法，不断推进和深化安全生产标准化，完善安全管理制度，完善工作标准，抓岗位达标，强化安全基础和“基层”安全，进一步做到安全生产闭环管理。提高安全本底值和安全管理的有效性与效率，提升本质安全、安全生产能力和安全生产自我完善与改进能力，更好地贯彻落实“安全第一、预防为主、综合治理”的方针，以更加有效和高效地实现组织安全风险管控来促进组织的持续发展。

3. 中国航天安全生产标准化

中国航天科技集团公司为贯彻实施《国务院关于进一步加强企业安全生产工作的通知》（国发〔2010〕23号）、国资委《关于深入贯彻落实国务院进一步加强企业安全生产工作的通知》（国资发综合〔2010〕136号）要求，推进安全生产标准化工作，于2010年11月12日下发了《关于印发中国航天科技集团公司安全生产标准化建设工作要求的通知》（天科质〔2010〕973号），提出了在集团公司所属各单位组织开展安全生产标准化建设工作的要求，并明确此项工作分为安全生产标准化文件编写、试运行、达标验收、持续改进四个阶段实施。

中国航天科技集团公司于2011年8月下发《航天标准化工程工作方案》（天科质〔2011〕751号），进一步提出开展质量与安全管理标准化示范，提高科研生产管理水平的要求研究航天型号安全科研生产责任制、教育和培训、隐患排查整改、危险源（点）监控、单位安全达标、班组安全达标、岗位安全达标、安全评审等各项安全监管需求；研究分析新型号、新工艺的安全技术，系统辨识科研生产各环节的安全风险与职业危害，完善安全技术保障措施；分析、评估科研、生产、试验安全事故的应急响应能力，规范应急预案编制、实施和管理，提升应急处置水平，建立健全安全生产标准化评估系统。

五、《职业健康安全管理体系　要求及使用指南》与《质量管理体系　要求》的关系

GB/T 45001—2020 标准倡导组织在策划建立、实施职业健康安全管理体系以及改进其有效性时采用过程方法，确定组织所需要应对的风险和机遇，采取应对的措施，以确保体系能够实现组织的预期结果，实现职业健康安全方面的持续改进。

（一）GB/T 45001—2020 与其他标准的共性

1. 采用了 ISO 管理体系标准通用高层结构

GB/T 45001—2020 采用了 ISO 管理体系标准通用高层结构，10 个部分，与最新版的 GB/T 19001—2016、GB/T 24001—2016 的标准结构相一致，并采用了相同的核心正文以及具有核心定义的通用术语。便于组织更好地开展管理体系一体化工作。

2. 采用了基于风险的思维

同 GB/T 19001—2016、GB/T 24001—2016 一样，均采用了基于风险的思维。在《职业健康安全管理体系　要求及使用指南》6.11 总则中明确在策划职业健康安全管理体系时，组织应考虑 4.1（所处的环境）所提及的议题以及 4.2（相关方）和 4.3（职业健康安全管理体系　范围）所提及的要求，并确定所需应对的风险和机遇，以确保职业健康安全管理体系实现预期结果；预防或减少非预期的影响；实现持续改进。

当确定需应对的与职业健康安全管理体系及其预期结果有关的风险和机遇时，组织应必须考虑：危险源、职业健康安全风险和其他风险、职业健康安全机遇和其他机遇、法律法规要求和其他要求。

在策划过程中，组织应结合组织及其过程或职业健康安全管理体系的变更来确定和评价与职业健康安全管理体系预期结果有关的风险和机遇。对于所策划的变更，无论是永久性的还是临时性的，这种评价均应在变更实施前进行。

3. 更加强调组织环境以及工作人员和其他相关方的需求和期望

在《职业健康安全管理体系　要求及使用指南》4.1 理解组织及其所处的环境中，明确组织应确定与其宗旨相关并影响其实现职业健康安全管理体系预期结果的能力的内外部议题。将组织环境与职业健康安全管理融入了战略与营运流程。

在《职业健康安全管理体系　要求及使用指南》4.2 理解工作人员及其他相关方的需求和期望中规定"组织应确定：a）工作人员以外的，与职业健康安全管理体系有关的相关方；b）工作人员及其他相关方的有关需求和期望（即要求）；c）这些需求和期望中哪些或将成为适用的法律法规要求和其他要求"，更加强调了对相关方的识别与管理。

4. 强化了领导的作用

同 GB/T 19001—2016、GB/T 24001—2016 一样，强化领导作用。在《职业健康安全管理体系　要求及使用指南》5.1 领导作用和承诺中增加"最高管理者应通过以下方式证实其在职业健康安全管理体系方面的领导作用和承诺：……k）保护工作人员不因报告事件、危险源、风险和机遇而遭受报复；l）确保组织建立和实施工作人员协商和参与的过程；m）支持健康安全委员会的建立和运行"。此处的"业务"可从广义上理解为涉及组织存在目的的那些核心活动。

5. 细化了危险源辨识和风险评价的要求

明确了常规和非常规的活动和状况下"人因"的危险源：人因又称人类功效学，主要是指使系统设计适于人的生理和心理特点，以确保健康、安全、高效和舒适。以及其他要考虑的：①工作区域、过程、装置、机器和（或）设备、操作程序和工作组织的设计，包括它们对所涉及工作人员的需求和能力的适应性；②由组织控制下的工作相关活动所导致、发生在工作场所附近的状况；③发生在工作场所附近、不受组织控制、可能对工作场所内的人员造成伤害和健康损害的状况。

（二）安全管理与质量管理的融合

GB/T 24001—2016 新版标准从 2015 年 9 月公布以来已广被接受，且已有大量的企业完成换版工作，尤其是一体化的管理体系中，在标准结构设计上可以做到协调一致，减少了关于结构不一致导致的顾此失彼的现象。并且围绕产品实现过程（流程），分析其中的融合、结合点及组织“大系统”管理，安全管理关口前移，从源头控制，与业务融合，避免“两张皮”和“九龙治水”，提高有效性和效率、效益。

1. 以过程域识别质量、环境和职业健康安全风险

从组织管理流程出发，以产品和服务运行过程为核心过程的管理体系及其过程，可理解为三大过程域：

第一，图 4-2 的中间框图是产品和服务运行过程域及相关管理过程，也是组织实现顾客和相关方满意、提升体系绩效的核心过程，覆盖 GB/T 24001—2016 新版标准的第 8 章的全部要求。

第二，图 4-2 上方框图为管理性过程域，可分为策划过程、检查过程和改进过程等二级子过程，它们重点围绕产品和服务运行过程域及相关管理过程，对全体系进行策划、检查和改进，分别覆盖了标准第 4、5、6 章、第 9 章和第 10 章的要求。

第三，图 4-2 下方的框图为支持性过程域，为产品和服务运行过程提供各种资源的支持，覆盖了 GB/T 24001—2016 新版标准中第 7 章的要求。

图 4-2 对标准中蕴含过程的识别，并不是唯一的。结合组织的产品和服务、规模和类型，也可以将一些二级或三级子过程进行合并或拆分。对于小企业也可与“管理目标制定和管理过程”合并为“管理方针和质量目标制定与管理过程”；而对于大企业可能会将某一过程拆分，如“运行策划和控制过程”，可以拆成职业健康安全管理体系的运行过程策划和控制（用电安全控制、易燃易爆控制、特种设备控制、职业卫生控制、危险作业控制等）。

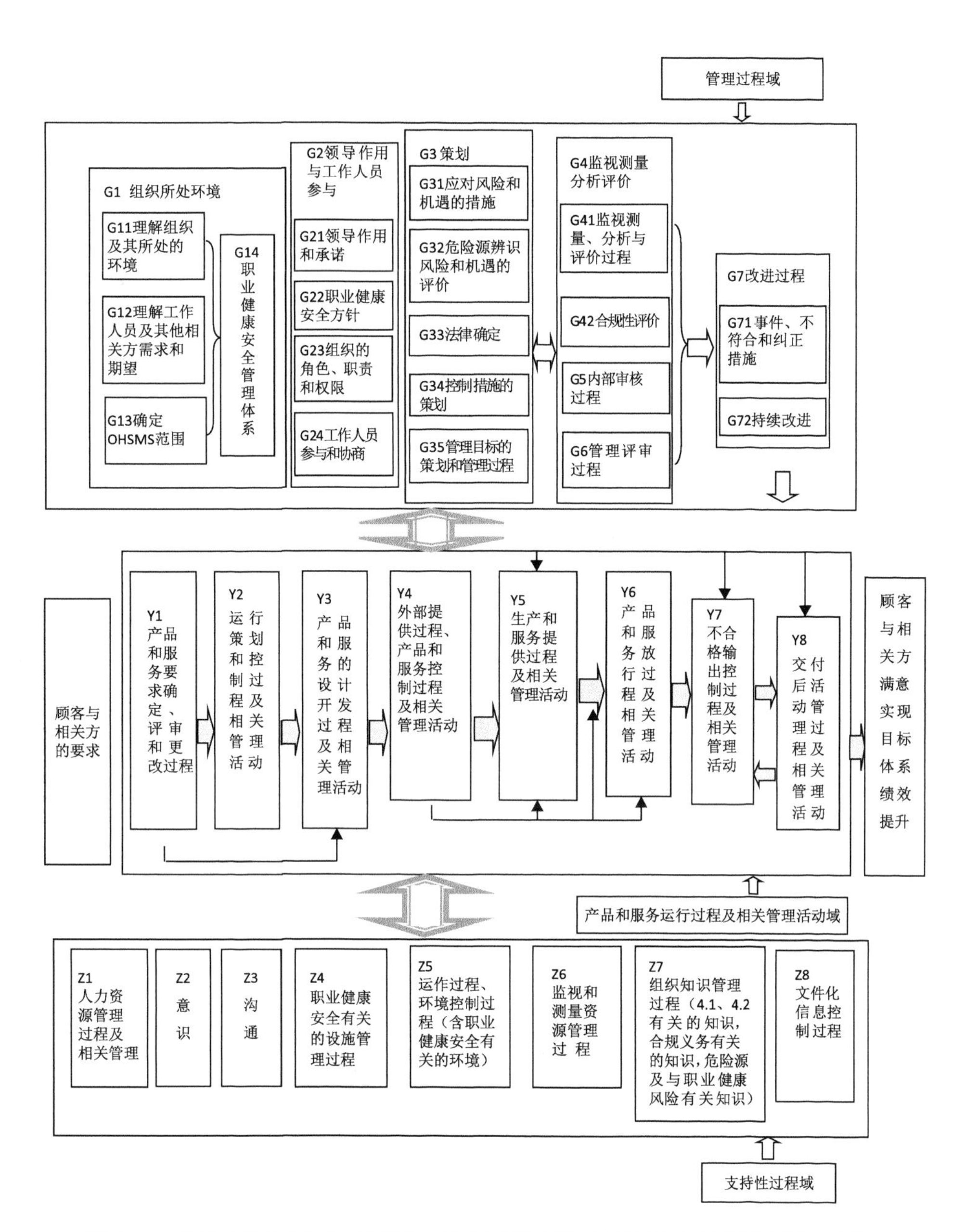

图 4-2　以产品和服务运行过程为核心过程的职业健康安全管理体系及其过程

2. GB/T 19001、GB/T 24001 与 GB/T 45001 之间的条款对照

GB/T 19001、GB/T 24001 与 GB/T 45001 之间的条款对照（见表 4-2）。

表 4-2　GB/T 19001—2016、GB/T 24001—2016 与 GB/T 45001—2020 之间的条款对照

高级结构	具体条款					
	GB/T 19001—2016		GB/T 24001—2016		GB/T 45001—2020	
4. 组织环境	4.1	理解组织及其环境	4.1	理解组织及其所处环境	4.1	理解组织及其所处环境
	4.2	理解相关方的需求和期望	4.2	理解相关方的需求和期望	4.2	理解工作人员及其他相关方的需求和期望
	4.3	确定质量管理体系的范围	4.3	确定环境管理体系的范围	4.3	确定职业健康安全管理体系范围
	4.4	质量管理体系及其过程	4.4	环境管理体系	4.4	职业健康安全管理体系
5. 领导作用	5.1	领导作用和承诺	5.1	领导作用和承诺	5.1	领导作用与承诺
	5.2	方针	5.2	环境方针	5.2	职业健康安全方针
	5.3	组织的岗位、职责和权限	5.3	组织的角色、职责和权限	5.3	组织的角色、职责和权限
	—	—	—	—	5.4	工作人员的参与和协商
6. 策划	6.1	应对风险和机遇的措施	6.1	应对风险和机遇的措施	6.1	应对风险和机遇的措施
	6.2	质量目标及其实现的策划	6.2	环境目标及其实现的策划	6.2	职业健康安全目标及其实现的策划
	6.3	变更的策划	—	—	—	—
7. 支持	7.1	资源	7.1	资源	7.1	资源
	7.2	能力	7.2	能力	7.2	能力
	7.3	意识	7.3	意识	7.3	意识
	7.4	沟通	7.4	信息交流	7.4	沟通

续表

高级结构	具体条款					
	GB/T 19001—2016		GB/T 24001—2016		GB/T 45001—2020	
	7.5	成文信息	7.5	文件化信息	7.5	成文信息
8. 运行	8.1	运行策划和控制	8.1	运行策划和控制	8.1	运行策划和控制
	8.2	产品和服务的要求	—	—	8.1.1	总则
	8.3	产品和服务的设计和开发	—	—	8.1.2	消除危险源与降低职业健康安全风险
	8.4	外部提供的过程、产品和服务的控制	—	—	8.1.3	变更管理
	8.5	生产和服务提供	—	—	8.1.4	采购
	8.6	产品和服务的放行	8.2	应急准备和响应	8.2	应急准备和响应
	8.7	不合格输出的控制	—	—	—	—
9. 绩效评价	9.1	监视、测量、分析和评价	9.1	监视、测量、分析和评价	9.1	监视、测量、分析和评价绩效
	9.2	内部审核	9.2	内部审核方案	9.2	内部审核
	9.3	管理评审	9.3	管理评审	9.3	管理评审
10. 改进	10.1	总则	10.1	总则	10.1	总则
	10.2	不合格和纠正措施	10.2	不符合和纠正措施	10.2	事件、不符合和纠正措施
	10.3	持续改进	10.3	持续改进	10.3	持续改进

六、科研生产的风险与管控

科研生产安全的突出特点是面对重复性、固定不变的问题相对少些，在科研生产中变化因素多（环境、设备设施、人员等），涉及产品复杂多样，如何做好新情况下的协同配置并且高效运转，是科研生产安全的课题。安全是一切工作开展的前提和保障，科研生产管理也不例外。随着我国科研工作的不断深入，科研项目越来越多，科研人员逐渐增加，这对科研生产的安全管理提出了新的挑战，而各科研生产机构对安全管理的重视程度不一，资金投入不同，安全管理意识淡薄，致使我国科研生产管理工作存在许多问题，安全事故频发，给国家和人民的生命财产造成损失。增强科研生产管理安全意识，提高安全管理能力，保障我国科研生产顺利进行，已成为科研工作的重要内容。目前科研生产安全工作面临的风险主要有以下几点。

1. 科研安全管理意识淡薄

从科研机构到科研人员都存在着科研安全管理意识淡薄的情况。首先，科研机构大多只重视科研项目的数量和质量，高校科研机构重视科研工作和教学质量，对科研管理中的安全管理工作重视不够。轻视科研过程的安全处理、科研成果的保密等工作。其次，大多科研人员着重关心的是能否拿到科研项目，能否顺利完成科研任务，因精力和时间所限，不愿意参加安全教育培训，不愿意学习安全管理相关知识。这就为科研工作埋下了安全隐患，致使科研过程中安全事故频发，给国家和社会造成经济损失，甚至危及科研人员的生命安全。

2. 安全教育不够重视

很多科研机构较少开展安全教育，即使开展也仅限于常规的消防、治安等方面的教育培训，缺乏针对性和专业性。科研工作和科研实验室缺乏必要的安全管理制度和安全技术措施。有些实验室往往会使用有毒化学用品、高辐射实验物质或易燃易爆危险品进行试验，如果不进行相关安全和技术培训，科研人员缺乏安全常识或技术能力，就可能发生中毒、爆炸、火灾或者辐射泄漏等安全事故。

3. 安全管理监督检查不到位

对科研安全管理的监督检查落实不到位、流于形式的现象比较多。科研机构往往缺少专业的安全管理人员，不能发现安全隐患；或是长期处在一种环境下，对违章行为、安全防护措施不到位等安全问题视而不见，习以为常。在安全检查中以罚代管，以罚了事，不切实查找问题原因解决本质安全。

针对各行业科研生产管理中的变化，识别风险并实施管控，探求这种变化是否会产生不良后果，进而采取相应的措施。时刻坚持“安全第一、预防为主、综合治理”的方针，坚决消除安全隐患。在安全生产活动中要做到防患于未然，加大安全检查力度。要充分发挥各级安全职能人员的作用，把事故隐患消灭在萌芽状态。本章提出了机械设备、电和光学设备、船舶、航空航天行业的科研生产中安全风险与管控措施，是基于之前到现有安全生产的相关工艺、过程、技术，考虑一般通行的做法和要求，有一定代表性、典型性和普适性。而提供这些行业（专业）安全风险与管控措施知识的同时，也在一定程度上提供了安全风险与管控措施策划方法的参考。

七、有关行业生产的安全风险与管理

（一）机械设备制造业的安全风险与管控

机械设备制造业指从事各种动力机械、起重运输机械、农业机械、冶金矿山机械、化工机械、纺织机械、机床、工具、仪器、仪表及其他机械设备等生产的行业。机械制造业为整个国民经济提供技术装备，其发展水平是国家工业化程度的主要标志之一，是国家重要的支柱产业。先进制造技术的全部真谛在于应用。

1．机械设备、装备制造业的主要制造过程和危险因素

机械设备、装备加工制造是其他众多行业的基础保障，是国民经济中制造业的重要组成部分。该领域加工制造的对象种类繁多、内容广泛，涉及航空器、航天器、船舶、汽车、机床等多个领域，包括各类产品的零件、部件、基础件（如模具、刀具、工具等）、基础设备（如机床等生产加工设备）等行业。

机械行业是一个行业类别众多、设备品种繁杂，工种以及涉及的加工技术关联到机械力、热力、电力、光、化学、粉尘、有毒成分等众多因素，危及操作者或有关人员的安全和健康。在通过诸如铸造、锻造、冲压、切割、机械加工、焊接、热处理与表面处理、装配等多个工艺过程中，大量使用动力、机械机电设备以及吊运设备，涉及危险化学品（易燃易爆和有毒物）、危险物（压力气瓶/气罐）储存和使用，人员频繁暴露于危险环境中，存在发生挤压、打击、吊物坠落、碰撞压伤、职业中毒、触电、火灾、爆炸等较大风险。以下为制造业典型生产过程及其危险源。

（1）下料

金属下料有锯、剪、冲、气割、等离子切割、高压水射流切割及激光切

割等方式。

主要危险源：噪声、弧光、切割产生有毒气体、烟尘、电气、高温工件、废渣（烫伤）、乙炔、氧气瓶和乙炔、氧气使用（火灾、爆炸）、（潜在）火灾、锯料机械伤害。

（2）铸造

铸造的通常工艺过程包括：①铸型（容器）准备；②铸造金属的熔化与浇注；③铸件处理和检验。

主要危险源：起重、运输（起重和运输伤害）、设备失灵及缺乏安全保护装置、操作错误导致机械与人的动作失配（挤压扎切伤）、电气、粉尘、熔炼高温物质及热辐射、噪声。

（3）锻造

不同的锻造方法有不同的流程，其中常见的热模锻的工艺过程为：锻坯下料、锻坯加热、辊锻备坯、模锻成形；切边、冲孔、矫正、检验、锻件热处理、清理、矫正、检查。

主要危险源：锻造设备机械运动、起重设备运动（机械伤害）、飞物（击伤、烫伤）、噪声、高温锻件、胎膜（热辐射，灼伤、烫伤、致病）、电气、设备故障零部件掉落、坠物（扎伤）。

（4）钣金

针对金属薄板采用剪、冲/切/复合、折、铆接、拼接、成型等冷加工所需的零件。

主要危险源：设备失灵及缺乏安全保护装置、操作错误致机械与人的动作失配（挤压扎切伤）、工件飞边（划伤）、设备传动旋转卷入、高速冲击产生高分贝噪声、空气中有金属逸尘、电气（伤害）。

（5）机械切削加工

通过车、铣、刨、磨、钻等，改变生产对象的形状、尺寸、位置和性质等，使其成为成品或者半成品。

主要危险源：机械直线运动、旋转运动、人（动作/运动）与静止或运动设备/物体相对运动（划伤、撞伤）、工件或设备零部件、切屑飞出物、高温金属切屑、铅等有毒材料/工件切屑粉尘、有毒烟气、粉尘、电气、设备运行和加工噪声。

（6）焊接

焊接方法的种类较多，如手弧焊、埋弧焊、钨极氩弧焊、熔化极气体保护焊等，根据具体情况选择所需的方式方法。主要分为熔焊、压焊和钎焊三大类。

主要危险源：电气（电击）、弧光（强可见光、紫外线、红外线）（灼伤）、飞溅物（灼伤、扎伤）、有毒气体、有害烟尘或缺氧、起重（机械伤害）、高空坠物、气焊中的高压气瓶爆炸、易燃易爆气体气瓶（潜在）爆炸、（潜在）火灾、机械运动或人与机械相对运动（机械伤害）。

（7）热处理

金属热处理是机械零件和工模具制造过程中的重要工序之一，是机械制造行业中重要的组成部分。热处理是采用适当的方式将金属材料或工件进行加热、保温、冷却以获得预期的组织结构与性能的工艺，以保证和提高工件的各种性能（如强度、耐磨、耐腐蚀、韧性/塑性、表面硬度等），或改善毛坯的组织和应力状态，以利于进行各种冷、热加工。热处理工艺有多种，主要包括退火、正火、淬火、回火、渗碳、渗碳氮、氮化、调质处理、固溶、钎焊等。热处理工艺一般包括加热、保温、冷却过程，有时只有加热和冷却两个过程。

热处理工艺的主要生产设备包括喷丸机、热处理炉（有多种，如明火加热辊底式炉、辐射管加热无氧化辊底式炉、罩式炉、外部机械化式炉、台车式炉等）、淬火机、冷床、热矫直机、冷矫直机、取样机、标印机等。以中厚钢板热处理工艺为例。中厚钢板轧制后，为了均匀组织、细化晶粒、消除轧制影响、得到所要求的组织和性能，一般要进行正火、回火、调质等热处理，为此需要建立相应的正火热处理处理线、回火热处理处理线、调质热处理处理线，同时也可以是一条热处理线兼顾正火、回火和调质热处理。需要根据实际情况和生产计划灵活配置。轧制钢板的热处理首先要进行备料，一般要进行喷丸处理除去钢板在轧制及冷却过程中形成的氧化皮，以保证加热质量和防止炉辊结瘤。钢板在热处理炉内按事先设定的热处理曲线进行加热升温、保温之后出炉，在辊道上（或冷床上）进行冷却作正火或回火处理，或通过淬火机组和热处理炉进行钢板的调质处理。对于板型不好的部分钢板，在进入冷却设备前可用热矫直机矫直；对热处理后板型不好的钢板、调质板等还需进行强力冷矫直机进行矫直。其主要工艺流程如图 4-3 所示。

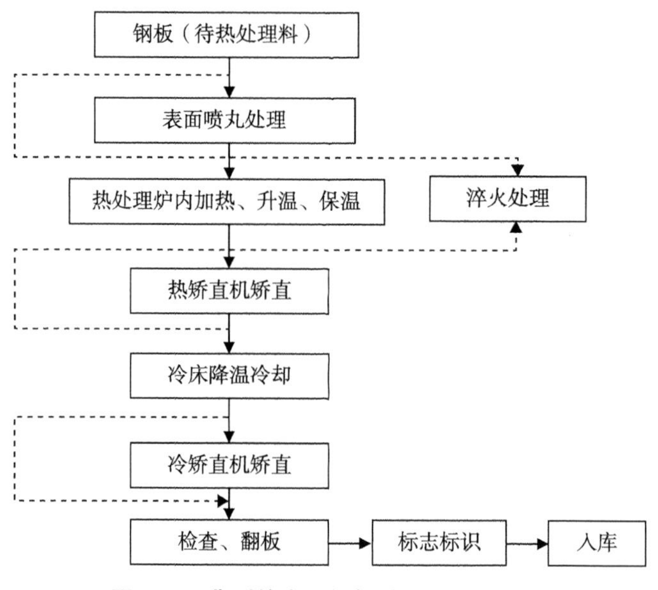

图 4-3　典型的中厚钢板热处理工艺流程

热处理过程主要危险源：易燃物质、易爆物质、毒性物质、高压电、炽热物体及腐蚀性物质、制冷剂、坠落物体或迸出物、限制区域等；常见的有害因素主要包括热辐射、电磁辐射、噪声、粉尘和有害气体等。

（8）表面处理

金属的表面处理也是机械零件和设备制造过程中的重要工序之一，是机械制造行业的重要组成部分。金属的表面处理是通过某种工艺方法，在金属固体材料表面上获取一定的机械加工层、氧化层、金属或非金属沉积层，或得到特定成分和性能的金属覆盖层或材料层的过程，其目的在于改变固体材料的物理、化学、装饰视觉以及力学性能等表面特性（如防腐蚀等）。按照机理来分，表面处理包括传统的机械、化学、电化学、涂装表面处理和现代的化学气相沉积

（CVD）、物理气相沉积（PVD）、离子注入、激光表面处理。电镀和喷漆喷塑是使用较多、比较常见的工艺。

主要危险源：电镀生产过程中使用各种强酸、强碱、盐类和有机溶剂等化学药品，有时还包括有严重危害的剧毒物（如氰化物等），其散发出的有毒有害气体容易引起中毒，有机溶剂挥发及失控遇明火易引发爆炸；电镀加热，存在烫伤及爆炸危险；危险化学品失控、有毒有害废气（雾）和工艺过程失控、管理不善等可能导致环境污染、人员中毒、火灾、爆炸等风险，其中最突出的风险是危险化学品（包括有害气/雾）对人员的毒害，职业健康风险很大。

（9）检验

使用X射线装置；理化分析。

主要危险源：X射线、有机物挥发有毒废气、危险化学品、电气。

（10）设备及系统装配和调试

将各零件、部件、整件按照设计要求安装在相应的位置，组合逻辑连接成为一个整体，以及用导线将元、部件之间进行电气连接，完成一个具有一定功能的完整设备（机器），并进行整机调试和测试。

主要危险源：人（动作、运动）与静止或运动设备（物体）相对运动（划伤、撞伤）、高处坠物、高处作业、限制空间的体位限制及缺氧、起重、搬运（机械伤害）、噪声、电气。

（11）试车（测试、验证、考核试验）

在地面（或试车台、实验室）验证航空、航天器（或其某分系统）整体模拟使用（部分功能）试验，验证整体可靠性、系统匹配性和设计正确性。

主要危险源：有毒、易燃易爆推进剂及燃料、试验产生有毒物质废气（急性或慢性中毒）、用电、噪声、热辐射、危险化学品、（潜在）火灾、爆炸。

（12）生产和动力设备设施机电维修保障

机电设备的维护、维修及用电、照明等保障和检查维修。

主要危险源：高压电、登高作业、电气设备、检修设备、线路故障（老化、损坏）（电击）、人与设备相对运动（碰伤）。

(13) 危险品管理和库房管理

机械零件和设备制造中使用乙炔、氧气、油漆、分析试剂、酸、碱、有机溶剂等有毒有害易燃易爆物，并进行库管储存保管管理。

主要危险源：有毒有害物气体、危险物、爆炸和火灾危险、电气。

2. 安全风险的运行控制措施

机械设备、装备加工制造中存在机械伤害、火灾爆炸、电气伤害、热辐射灼伤烫伤、低温冻伤、粉尘伤害、化学毒害等风险。因此必须强化安全意识和风险防控能力，危险作业操作人员应通过培训取得资格持证上岗；为危险作业场所和作业采取必要的安全防护措施；金属切削机床应该满足 GB 15760—2004《金属切削机床安全防护通用技术条件》的规定；作业场所安装有效的通排风设施设备，粉尘重的作业场所还需设置吸尘装置；采取措施防治噪声；尽量采用安全环保的加工工艺，避免和减少安全健康危害、最大限度降低风险；加强作业人员个人防护；对作业人员定期进行健康监测，预防职业病。

(1) 机械伤害及其控制措施

机械伤害主要包括划伤、撞伤、飞物击伤、高空坠落、旋转伤人等。主要控制措施包括：

①机械加工设备应符合安全要求，设备安装的高度、空间、机械之间和机械与人之间应符合安全距离要求；

②凡是易造成伤害事故的运动部件均应封闭或屏蔽（如配置往复、旋转机械附近的隔离护栏、高空操作平台护栏），或采取其他避免人员接触的安全防护措施，并配置必要的紧急停车开关或装置；

③机械加工设备应设置防止意外启动而造成危险的保护装置，采用自动或半自动控制系统，必须有可靠的保护装置；

④安全防护罩、栏的材料及运转部件的距离执行 GB 8196—2018《机械安全防护装置固定式和活动式防护装置的设计与制造一般要求》的规定；

⑤对机械加工设备进行检查、检修和维修，确保及时排除设备隐患、故障并确保正常运行；

⑥部分人身或肢体可能进入的机件，如冲床、剪板机、压机、混砂机等配备机电连锁安全装置，必要时还要配置二道或多道机电连锁安全装置防止失灵；

⑦制定详细的安全操作规程，操作时按规程严格执行；

⑧戴防护用具，如手套、防护服、防护鞋、安全帽等。

（2）电气伤害及其控制措施

电气伤害主要是指电击伤害（触电）。主要控制措施：

①制定严格的安全操作规程，操作时按规程严格执行；非专业电工不得进行电工操作；

②电工操作应配置安全防护装备，包括绝缘手套、安全鞋，使用工具应有必要的绝缘要求，登高操作要有登高防护装置；

③在作业场所采用安全电压，特别是使用行灯、手持电动工具时；

④电路中配置漏电保护器；

⑤电气设备应接地防止漏电、静电和雷击；

⑥电气线路应设置短路保护、过载保护；

⑦定期检查电气线路，防止因线路老化发生事故；

⑧电气线路检修时一般不准带电作业，必须带电作业时，应经主管电气的工程技术人员批准，并采取可靠的安全措施，作业人员和监护人员应由有带电作业实践经验的人员担任。

（3）高温（热辐射）、烫伤

对高温（热辐射）、烫伤危险的主要控制措施主要包括：

①在高温作业的场所：铸造的炉前工、浇注工，热处理的炉前工、电焊工、气焊工、锻工等工种，配置必要的防护服、防护手套、防护鞋等防护用具，发放防暑降温的药品和饮品；

②建立必要的防护隔离；

③操作现场严格按照安全操作规程作业，防止发生事故；

④熔炉、浇注设施、热处理设施、煅烧炉、电焊机、气焊设施等要定期检查修理，防止因设备、设施故障造成的事故。

(4) 火灾、爆炸

易燃易爆物质、电气故障导致火灾及爆炸，高压气瓶、粉尘漆雾以及一些化学品相遇可能导致火灾及爆炸，会造成严重的人身伤害甚至人员伤亡。风险的主要控制措施包括：

①机械加工现场要远离或隔离易燃物，包括油料、棉纱等，防止高温切屑引燃易燃物；

②电焊、电切割现场要远离易燃物；

③气焊作业中氧气和乙炔的存放距离不得小于8m，乙炔发生器附近严禁吸烟，乙炔发生器距离明火、焊接及切割地点不得少于10m；

④车间作业现场应配置灭火器、消火栓、消防沙等消防器材，必要时可以配置自动报警装置；

⑤对相遇易引起爆炸的物质，做提示（告知）标识，并制定工艺及作业规程等，防止误用；

⑥储存和使用易燃易爆物质、产生易燃易爆物质的场所严禁明火，焊接施工、电气设备应符合防爆要求；

⑦制订火灾应急预案并定期演练，演练的内容可包括灭火、逃生、现场简单救护等，生产、办公现场应有逃生路线标识、消防逃生标识、警示牌等。

⑧工业气瓶储存和使用场所应有防倾倒措施，存放量要符合规定，与明火间距符合规定，不与禁忌物混放。

(5) 危险化学品

热处理、电镀、喷涂、清洗、检验试验及有毒有害废水、废物处理等使用一些具有易燃、易爆、有毒、有腐蚀性等特性的危险化学品，会对人（包括生物）的健康和生命、设备、环境造成影响和损害。应遵照国家《危险化学品安全管理条例》等要求使用与管理危险化学品。风险的主要的控制措施包括：

①机械制造行业生产过程中使用危险化学品，危险化学品必须储存在专用仓库、专用场地或专用的储存室，并有专人管理，出入库必须核查登记，并定期检查库存；

②危险化学品库应当符合国家标准对安全、消防的要求，并设置安全标识、定期检查储存设备和安全装置；

③在储存或使用危险化学品的场所要张贴化学品安全说明书（MSDS），标明危险化学品的名称、危害信息、应急措施以及其他相关信息；

④危险化学品储存、装卸和使用现场应与明火区、高温区保持足够的安全距离，现场杜绝明火，并有防爆、防静电火花等防护措施；

⑤有毒有害作业现场应设置安全警告标识，配备稀释（冲淋）水源、防毒面具、防毒服、事故应急箱，应急用品（如消毒剂、吸附剂等）应完好和有效；

⑥按规定配备消防器材和设施并保持完好；

⑦化学品应密封包装应与禁忌物隔离存放，执行GB/T 15603—1995《常用危险化学品储存通则》、GB 17914—2013《易燃易爆性商品储存养护技术条件》、GB 17915—2013《腐蚀性商品储存养护技术条例》、GB 17916—2013《毒害性商品储存养护技术条件》的规定。

（6）有毒物质中毒的个人防护及保健措施

电镀中的有毒物质能通过呼吸道、消化道、皮肤三个途径进入人体，可能造成急性中毒和慢性中毒。

①在电镀铜、锌、银、金、铜合金和退镀中，使用氰化钠、氰化钾、氰化亚铜、氰化锌、氰化银钾和氰化金钾等氰化物（一些使用氰化物的电镀工艺已被淘汰，一些处于限期淘汰、尚未完全淘汰）。氰化物颗粒、粉末及含量溶液，遇酸或受潮会分解产生更易致人中毒的氰化氢气体。若含氰镀槽的布置、氰化物使用不当、工艺操作失误、通风不良和管理不善，致使氰化物分解和扩散，可能导致氰化物中毒。

②电镀生产有时需要使用三氯乙烯、汽油、煤油、二甲苯、乙醇、天那水、二氯甲烷（用于退漆剂）、油漆、电泳漆和油墨等有机溶剂。喷漆、电泳、油墨涂敷、退漆和零件清洗等作业中使用有机溶剂大量挥发，若缺少良好的通风和个体防护用品，就会引起急性中毒，长期吸入也会导致慢性中毒。

③硫酸、硝酸、盐酸和氢氟酸在电镀中应用广泛，作业中酸溶液搅拌会形成酸雾，可能导致酸雾中毒。

④镀铬会产生铬雾，若未添加抑雾剂则情况更为严重。若现场缺少通风措施和个体防护用品，铬物进入呼吸道，会引起急性呼吸道刺激和产生慢性影响。

⑤电镀中使用的次氯酸钠溶液常温下易分解，遇酸则分解更快，释放出剧毒的氯气。误食含金、银、铜、铅等物质可能引起重金属中毒。对镍有过敏反应的人员，直接接触镀镍溶液，很可能引起皮肤炎症和湿疹等。

个人防护及保健措施包括有害作业过程中的防护措施、作业结束后的防护措施以及个人生活中的保健措施。

企业应结合作业实际，按照 GB 11651—2008《个体防护装备选用规范》的规定进行防护用品选用和配置，并监督其正确、有效使用。应定期和不定期检查个人防护用品的配备、使用情况并检查其有效性，确保防护用品持续有效并按规定使用。

有毒有害作业人员需使用的劳动防护用品，主要包括：防尘口罩、防酸口罩、防毒面具、通风（送风/供气）面具（呼吸保护器）；防护眼镜；化学品防护服及围裙、防尘服、耐酸碱手套、耐油橡胶手套、抗溶剂手套、防酸和防滑鞋及靴、防护鞋等。焊接、切割作业人员需配备和使用劳动防护用品主要包括焊接面罩（口罩）、通风焊帽、焊接护目镜、焊接防护服、防护手套、防护鞋、护耳器（隔音耳塞）等。一般（普通）机械加工和装配作业人员的劳动防护用品包括防尘口罩、手套、防护服、防护鞋、护耳器（隔音耳塞）、安全帽等。

接触有毒有害物的作业人员，作业后必须按要求清洗接触有毒有害物质的身体部分（如彻底洗手、工作后沐浴清洁全身皮肤）、更衣后才能进行饮食或使用卫生间等；工作服应勤更换清洗，被沾污毒物的衣物应按规定收集保存处理。

企业应按照《用人单位职业健康监护监督管理办法》和 GBZ 159—2004《工作场所空气中有害物质监测的采样规范》等相关要求，对从事有毒有害作业人员定期进行健康检查，为个人保健提供支持，进行职业病预防。有害作业人员生活作息时间要规律化，适当参加体育锻炼，提高身体素质。在饮食上适当增加蛋白质、含钙食品及维生素 C 的摄入量，控制烟酒等不良嗜好。

（二）电和光学设备制造业的安全风险与管控

电和光学设备包括电子设备、电气设备和光学设备。

电子设备通常由集成电路、晶体管、电子管等电子元器件组成，是应用电子技术（含软件）发挥作用的设备，包括电子计算机、机器人、数控或程控系统等。

电气设备通常指电力系统的发电机、变压器、电力线路、断路器等设备。具体包括各种变压器、互感器、调压器、高压断路器、稳压器、起动器、控制器、信号发生器、避雷器、电力电熔器、报警器、测量仪器、各类开关，以及成套供应的动力配电箱、配电柜及其辅助设备等。

光学设备是指由单个或多个光学器件组成，能够产生光波、显示图像，或接受光波并分析、确定其光学性质的仪器。包括光学计量仪器、光学检测仪器、显微仪器、图像软件与器件、光学器具、金相与硬度计、光学测绘仪器、光学元件、光纤仪器、光学试验仪器、数码光学仪器、激光仪器、医学光学仪器、红外热像仪器、镜头等。

在电和光学设备的制造技术领域，生产企业一般具有制造装置品种规格多、使用的设备设施多、生产过程工序复杂等特点，且不同产品都有其独特的制造工艺和要求，有关的职业健康风险还涉及机械伤害、电气伤害、装置和设备异常或故障、烟尘、粉尘、火灾爆炸、泄漏、密闭空间作业、高空作业、噪声作业、电离辐射、危险化学品使用、静电伤害等。

1. 电和光学设备制造技术领域的主要制造过程和危险因素

（1）办公设备及计算机和其他信息处理装置

在办公设备、计算机及其他信息处理装置与设备、家用电器、钟表的制造行业中，基本是自动化生产线，流程不长，典型工艺过程为：插件→焊接→装配→调试→老化→检验→包装入库。

工艺过程的有害作业包括手工烙铁焊、浸锡焊、波峰焊、SMT 回流焊；主要危险源有机械伤害、电气伤害、装置和设备异常或故障、电离辐射、静电伤害等。

(2) 电动机、发电机及变压器

电动机按功能、工作性质分类，分为异步电动机、同步电动机两类；根据性能特点还可以分为防爆型、增安型、隔爆型、正压型等。

变压器有多种分类方式，按用途可分为电力变压器和特种变压器；按绕组形式可分为双绕组变压器、三绕组变压器和自耦变压器；按相数可分为单相变压器、三相变压器和多相变压器；按冷却方式可分为油浸自冷、油浸风冷、油浸水冷和空气自冷等；按绝缘介质可分为油浸式变压器、干式变压器、充气式变压器等；按调压方式分为有载调压变压器、无励磁调压变压器；按中性点绝缘水平分为全绝缘变压器和半绝缘变压器。

电动机、发电机及变压器制造，基本是自动化生产线，典型工艺过程：铸铁机座→铸铁端盖→电磁线嵌线→定子铁芯制造→转子铁芯→装配→整机喷漆→调试→老化检验→包装入库。

油浸式变压器的工艺过程：绝缘→低压箔绕→高压线绕→线圈压制烘烤→器身装配→器身引线→器身真空干燥→总装配→真空注油。

主要危险源：机械伤害、吊装起重伤害、电气伤害、装置和设备异常或故障、人员误操作伤害等。

(3) 绝缘电线及电缆制造

绝缘电线及电缆的制造行业，生产有不同类型的绝缘电线及电缆。所有电线及电缆都是从导体加工开始，在导体外围逐层加上绝缘、屏蔽、成缆、护层等而制成电线及电缆产品。电线及电缆结构越复杂，叠加的层次就越多。典型工艺过程：拉制（单丝拉制、绞制拉制）→绞制（导体绞制、成缆、编织、钢丝装铠和缠绕）→包覆（涉及材料有橡胶、塑料、云母、铅、铝、无碱玻璃纤维、无纺布、绝缘漆、沥青等）。

主要危险源：除上述与环境影响因素相同的风险之外，还存在机械伤害(包括设备传动、旋转卷入)、电气伤害、设备异常或故障等。

(4) 广播电视信号传送装置和有线电话电报用设备、电视及无线电接收机、音响及声像录放装置及有关设备

该制造过程涉及机械、电子、塑料等多个行业。典型工艺过程：插件→

焊接→装配→调试→老化→检验→包装入库。其中，焊接包括手工烙铁焊、浸锡焊、波峰焊、回流焊等。

主要危险源：机械伤害、电气伤害、电磁辐射、设备异常或故障等。

（5）医疗、外科以及整形外科器械、测量、检验、试验、航海及其他用途仪器和装置、工业过程控制设备

该行业集医药、机械、电子、电磁、塑料等多个行业于一体，是跨领域的高技术产业。医疗、外科以及整形外科器械制造流程：塑料件/金属结构件制造或采购→电气组件/元件的装配→分插件和电气件装配。

测量、检验、试验、航海及其他用途仪器和装置，工业过程控制设备涉及的流程：原材料外购、零部件外协（机械、电子部件）→零部件生产、加工（机械、电子部件）→装配→测试、调试→整机检验→检定或校准→包装→入库。

主要危险源：除上述与环境影响因素相同的风险之外，还存在机械伤害、电气伤害、电磁辐射、射线排放等。

（6）光学仪器及摄影器材、照明器具及电灯、真空管及其他电子元器件

在光学仪器及摄影器材制造中，玻璃零部件制造是通用过程，其他过程与电子元器件的制造基本相同，光学零件加工技术主要有计算机数控单点金刚石车削、光学玻璃透镜模压成型、光学塑料成型、计算机数控研磨和抛光、环氧树脂复制、电铸成型以及传统的研磨抛光等。

典型的光学冷加工工序：铣磨→精磨→抛光→清洗→磨边→镀膜→涂墨→胶合。

主要危险源：机械伤害、电气伤害、玻璃划伤、设备异常或故障等。

（7）铅酸蓄电池

铅酸蓄电池是以铅和硫酸为基础而形成的一种能量储存和转化装置，其制造过程是多工序、多物料、密集型的作业方式。

在铅蓄电池的生产过程中，铅锑合金、铅钙合金或其他合金铸造（或者拉网）成符合要求的不同类型的各种板栅。同时，电解铅通过铅粉机，氧化筛选制成符合要求的铅粉。铅粉和稀硫酸及添加剂混合后涂抹于先前制造好

的板栅表面再进行干燥固化，从而得到生极板。生极板再经过化成工序，制成熟极板，最后将不同型号、不同片数的极板根据不同的需要组装成各种不同类型的蓄电池。此外，在化成工序，如果采用内化成工艺，即先将生极板组装成电池，再行进行化成。

铅酸电池生产主要设备包括熔铅炉、铅粉机、铸板机、和膏机、涂板机、分片机、打磨机、电池化成水槽、酸雾净化装置、灌酸机、充电机、称片机、叠片机、铸焊机、端子机、包封配组机以及生产线上的监测设备。

1）有害物质的分布。

由于铅酸蓄电池的生产工艺设计和使用的有毒有害的生产原料形态不同，决定了在不同的生产工序产生不同的有害物质。

①铅烟的生产工序。铅烟是含铅物质中对操作者危害最大的一种形态。在铅酸蓄电池生产工序中，铅合金配制、板栅制造、铅零件制造、铸造球(或切块)、化成焊接、极群焊接、端子焊接等工序主要以铅烟的危害性为主。而各焊接工序产生焊接铅烟的部位往往处于操作者的近前下方，高浓度的铅烟极易被操作者直接吸入。同时，铅烟可以在通风较差的车间空气中长时间留存。现有技术水平对铅烟的治理难度均大于其他形态的含铅有害物质。

②铅尘的产生工序。铅尘是含铅物质中对操作者构成危害的另一种形态，可以通过呼吸道和食道进入人体。它的产生源主要分布在铅粉制造、和膏、涂板、灌粉、插板、分板、极群配组等工序。产尘方式主要是因震动使含铅粉尘溢散到空气中，当生产场所通风除尘设备运行不良时，地面或设备表面的集尘可形成二次扬尘。

③沥青烟的产生工序。沥青烟产生于铅酸蓄电池橡胶隔板添加剂配制、电池槽封口胶配制和电池封口胶烧灌作业工序。由于沥青在溶化过程中不易流动，导热性较差。在加热过程中需要不停地搅拌，尤其在手工搅拌时操作人员会大量吸入沥青烟。

④炭黑粉尘的产生工序。炭黑粉尘主要产生在铅粉辅料的配制过程中。配料时的搬动、称量、搅拌都会大量击起轻质炭黑粉尘的飞扬，其次在和膏操作的投加辅料过程中也会有含炭黑的辅料粉尘溢散。

2）管理措施。

铅酸蓄电池在生产中产生的有害物质不同于其他电子设备制造，因此在管控中要特别注意以下几个方面。

①定期进行职工健康状况检查和车间空气卫生监测。对接触有害作业职工进行健康状况检查和车间空气卫生监测，是企业贯彻落实国家安全生产法律法规的基本体现。系统性地对接害职工进行健康体检和对作业场所有害物质监测，建立职业病监控记录、职业危害监测记录，不仅能够真实地反映出企业接触有害作业职工的范围、程度，还能分析出职业健康安全管理的运行动态、有效程度及发展趋势，为企业制订制冷计划及确定工作重点提供依据。

②危害告知。企业向从业人员进行危害告知不仅是出于落实《安全生产法》《职业病防治法》等法律法规的要求，履行自己义务和维护从业人员的知情权的目的，更主要的是教育从业人员时刻关注身边的危害，加强自我防范，以及认真遵守安全规章制度。

③加强生产现场管理。有效地对生产现场实施管理，充分发挥各项技术措施的功能，降低有害物质对操作人员的侵害。因此，在接触有毒有害物质的生产现场应做到：

a. 设置职业病危害警示标识；

b. 监督检查生产作业现场人员规范使用个人劳动防护用品；

c. 定时检查通风、除尘（烟）设备的运行状况，定期测试其功效；

d. 实施“湿式作业”，班后清理地面、墙壁和设备表面的集尘；

e. 坚持实施“5S”（整理、整顿、清扫、清洁、素养）管理；

f. 清洁水与回用水管道分别输送并标识明显；

g. 保持现场清洗、消毒器具完好。

④采取有效的技术措施。技术措施是消除或降低职业性危害的关键环节，只有通过改进生产工艺才能消除或减少有害物质使用量和产生量，减少有害物质散发量。

a. 消除有害物质的产生。铅酸蓄电池生产企业尚难以从根本上消除有害物质的使用，但是通过工艺改革完全可以将危害程度降低或消除部分工序的有害物质，例如，极板化成工序采用铅条焊接作业方式连接生极板时会产生大量高浓度的铅烟，对焊接工人构成极大的危害，应用不焊接化成工艺不仅可以消除铅烟危害，还能减轻劳动强度。

b. 降低有害物质的浓度。主要技术措施是通过改进生产工艺和生产设备，降低单位电池容量耗铅比率，对产生有害物质的设备密闭化，生产作业现场强制通风，生产设备局部吸尘、有害物质收集净化等。

拉网式板栅电池生产工艺技术是目前国际上先进的铅酸蓄电池生产工艺。冷轧成型的板栅制造技术能够大大降低铅烟产生量。在涂板工序，采用了纤维覆盖生极板的工艺，有效地降低了生极板在搬运、配组过程中的铅膏脱落量。拉网式电池采用了电池化成工艺，消除了人工插板、出水操作过程中硫酸、硫酸雾和铅尘对操作者的危害。同时生产效率高于传统工艺技术一倍以上。

使用高效率的除尘净化设备是降低作业现场空中有害物质浓度最有力的补充措施。在烟、尘或雾的生产场所应根据捕捉对象设置滤筒式、滤网式、水雾喷淋式或高压静电式以及湍球式等不同的除尘化设备，以适应有害物质的形态，提高除尘效率。

⑤个人防护及保健措施。

个人防护及保健措施包括有害作业过程中的防护措施、作业结束后的防护措施以及个人生活中的保健措施。

a. 有害作业过程的个人防护措施。作业过程中的个人防护措施主要是头面部护具、全身工作服、手足护具的规范使用以及禁止在工作场所吸烟和进食。在配发防护用品时应针对有害物质特性和防护要求按需、按时发放。在生产作业过程中，由于硫酸雾、炭黑粉尘等有害物质具有强烈的刺激性或显著的形态特征，操作人员如不做好有效的防护会自感无法承受，因而能够做到规范地使用个人劳动防护用品。但铅作业场所则不同，由于含铅烟尘没有明显的刺激性，并且较少发生急性中毒现象，因而操作者容易忽视个人防护用品的使用，尤其容易忽视呼吸防护用具的使用。

b. 作业结束后的防护措施。

及时用含3%的醋酸溶液洗手，消除黏附在手上的铅粉；及时更换或清洗防护用品，可以多次使用的防护用品尽量缩短洗涤周期；离开厂区前淋浴洗涤全身，尤其夏季穿着较薄的工作服时更要注意对全身的清洗；淋浴后更衣，将工作服存放在单独分隔的衣柜内，不要与日常服混放。禁止将受到污染的工作服带回家中或宿舍。

c. 个人生活中的保健措施。有害作业人员作息时间要规律化，适当参加体育锻炼，提高身体素质。在饮食上适当增加蛋白质、含钙食品及维生素 C 的摄入量，控制不良嗜好。酒精能破坏人体血液中的铅含量与骨骼中的铅含量的平衡，酗酒后人体骨骼中的铅将加速向血液中迁移，会造成急性中毒症状发生。因此，应劝阻铅作业人员饮酒。

（8）汽车用电气和电子设备制造过程中的危险因素和控制措施

汽车电气设备包括电力系统、启动系统、点火系统、信号照明系统和一系列辅助电器装置。汽车电气和电子设备的制造涉及的流程：原材料外购、零部件外协（机械、电子部件）→零部件生产、加工（机械、电子部件）→装配→测试、调试、试验→检验→检定或校准→包装→入库。

主要危险源：机械伤害、电气伤害、人员误操作等。

（9）电气设备及光学设备的修理过程中的危险因素和控制措施

目前使用的电气设备及光学设备大多是光机电一体化设备，修理难度大，环节多，安全风险较低。电气设备故障大致归纳为短路、过载、断路、接地、接线、电气的电磁及机械部分故障等，此类故障中出现较多的为断路故障，包括导线断路、虚连、松动、接触不良、虚焊、假焊、熔断器熔断等。

典型工序过程：故障检测→清洁→修理（机械部分、电子部件、光学器件）→测试、调试→检定或校准。

主要危险源：除上述与环境影响因素相同的风险之外，还存在机械伤害、电气伤害、人员误操作等。

2. 有害物质产生工序主要危险源及控制措施

（1）主要危险源

①烟尘：焊接过程中产生的烟尘及有毒气体，绝缘漆的挥发及喷漆漆雾，熔化、成型产生的有毒烟尘等，直接影响作业人员身心健康。

②粉尘：生产过程产生的粉尘含许多有毒成分，如铬、锰、镉、铅、汞、砷等，引起中毒或者尘肺病等。

③苯系物等有害气体：苯、甲苯、二甲苯和其他苯系物气体被人体吸入会出现中枢神经系统麻醉症状，轻者头痛、头晕、恶心、胸闷、乏力、意识模糊，重者出现昏迷、呼吸困难，甚至因循环系统衰竭导致死亡。

④有害废水：电镀废水（含有重金属、氰化物），喷涂过程产生的含碱、含磷、含油、含漆渣、含有机溶剂等废水，引起人员中毒或化学烧伤等伤害。

⑤噪声：设备的运行、钣金、铆接、光学玻璃的制型及吹制等过程产生的噪声，对听力造成伤害，严重时可导致耳聋。

⑥高温：热处理及焊接过程产生的高温易导致热辐射、灼伤、烫伤等。

（2）控制措施

①严格执行《安全生产法》和《职业病防治法》，建立健全安全生产责任制度，完善安全生产条件，规范尘毒治理体系，确保从业人员职业健康安全和身心健康。

②改革焊接工艺和设备包括：生产工艺优化选择。采用材料消耗少的电阻焊、电子束焊；采用烟尘少的埋弧焊、激光焊；采用单面焊双面成型新工艺；保护焊工艺等。通过生产工艺的优化选择，有效降低尘毒的污染，使焊接区尘毒浓度的控制符合《工作场所有害因素职业接触限值》规定；提高焊接自动化水平。在生产工艺确定的前提下，采用自动化程度高的设备，如专用自动焊机、焊接机器人等，使焊工远离污染源，从根本上消除焊接作业对人体的危害，实现本质安全；开发使用低尘、低毒焊接材料，以降低焊接烟尘对人体的危害。

③通风除尘是消除职业危害和改善作业环境的有效措施，通过采用全面通风、局部通风等措施，使作业场所空气质量符合《工业企业设计卫生标准》要求。

3. 一般工序的电气伤害及控制措施

（1）电气伤害

电气设备的绝缘、屏护、防护、间距不符合规定；PE 线连接不可靠；未使用安全电压；连锁保护装置失效；电气故障或缺陷；防火间距不足；通风不良；消防设施及报警装置不适宜等，极易导致触电，引发火灾爆炸。

（2）控制措施

1）安全认证：电气设备必须具有国家指定机构的安全认证标志。

2）备用电源：停电可造成重大危险后果的场所，必须按规定配备自动切换的双路供电电源或备用发电机组、保安电源。

3）防触电：①接零、接地保护系统；②漏电保护；③绝缘；④电气隔离；⑤安全电压；⑥屏护和安全距离；⑦连锁保护。

4）电气防火防爆。①消除电气引燃源；装设能发出声、光报警信号或自动切断电源的漏电保护器；根据燃、爆介质类、级、组和火灾爆炸危险场所的类、级、范围配置相应防爆等级的电气设备；隔离；连锁保护装置；防静电措施；其他措施。②安全距离：设置消防规范规定的防火间距。③通风。④电气建筑物、电气灭火、消防电源、消防报警和控制等措施由消防行政部门按消防规范要求提出。

4. 噪声伤害控制措施

噪声一般由设备运行，或者钣金、铆接、玻璃制型及吹制等工序产生，能够导致人员听力损害等风险。采取的控制措施包括但不限于：

①减少冲击性工艺和高压气体排空工艺；

②选用低噪声设备；

③采用操作机械化和运行自动化的设备工艺，实现远程监视操作；

④采用隔声、消声、吸声和隔震降噪等技术措施；

⑤个人防护：采用个人防护措施和减少接触噪声时间。

5. 高温作业（热处理、焊接等）伤害的控制措施

高温作业伤害指一般在热处理、焊接等热环境下作业导致人员中暑、昏厥等风险，采取的控制措施包括但不限于：

①改善作业环境，使作业场所保持通风；

②加强个人防护用品穿戴，高温作业人员穿耐热、坚固、导热系数小、透气性能好的工作服，佩戴手套、面罩、工作帽等；

③制定合理的作息制度和作息时间，采取多班次工作制，减少高温场所作业时间；

④合理布置工间休息地点；

⑤改进工艺，提高自动化水平。

6. 机械伤害风险控制措施

(1) 机械伤害

外露的皮带轮、齿轮、丝杠等旋转部位，易将操作者衣服、手套、长发等绞入机器内，造成绞伤；旋转的机器零件、装卡不牢的工件飞出造成物体打击；高处的零部件、吊装的物体坠落，造成砸伤。

(2) 控制措施

①设置安全防护装置：用屏护方法使人体与生产中危险部分隔离，如操作时可能接触到的机器设备运转部分，加工材料的碎屑可能飞出的地方，机器设备上容易被触及的导电部分、高温部分和辐射热地带以及工作场所可能使工人坠落、跌伤的地方等；

②设置保险装置：能自动消除生产中由于整个设备或个别部件发生事故和损坏，引起人身事故危险的装置，如设置可靠的行程限位装置、过载保护装置、电气与机械联锁装置、紧急制动装置、自动保护装置等；

③设置信号装置：设置声光等信号报警装置警告操作人员预防危险；

④设置危险警示牌和识别标志：使工人及时受到提醒，防止事故、危害的发生。

(三) 船舶行业的安全风险与管控

1. 船舶行业的特点

船舶是由船体建造、为船舶功能得以实现所需的各类配套的导航、停泊、机、电等设备、各种系统的安装以及防护所需的涂装、贴敷等施工组成的工程类产品。各类船舶除必须满足有关民船和军船的建造规范外，还要符合有关国际公约的规定和用户（航运、海军等部门）的特殊要求。从行业特点来看，船舶工业既有机械制造业的特性，也具有建筑业的特点，但又不完全雷同于一般机械制造业和建筑业，它是介于特种机械加工和工业建筑之间的一个综合性较强的特种行业。通常分为船舶总装厂及配套设备、船用材料生产厂等。船舶产品的结构复杂，涉及各行各业，配套企业达上千家之多，零部件达数百万件以上。

根据船舶类别、功能、大小的不同，船厂的规模大相径庭，但所需的设施设备、外协件、外购件、外包过程多，则与各船厂类似。船厂中因使用器材多，涉及专业也较多。常见职业健康安全危险源包括机械、装置和设备，压力设备、危险化学品、噪声、振动、人工搬运、高空作业、密闭空间作业、火灾、爆炸、辐射、油漆和涂料等。

（1）船舶建造、漂浮物制造、海上钻井平台制造工艺流程

钢材（造船用原材料）、设备进场→钢板（钢材）预处理→钢材切割、加工成型→机械加工→分段制作、装焊→分段除锈→分段涂装→分段大合拢及预舾装→合拢成型→设备安装→完工涂装→下水→设备安装→舾装及调试→系泊试验→航行试验→交船。

（2）船舶修理工艺流程

待修船舶进场前试验→工程勘验→进船坞或上船排→设备拆卸→设备出舱→切割换板、焊接→喷砂除锈→涂装→设备、推进系统维修→设备回装→系统调试→系泊试验→航行试验→交船。

（3）拆船生产工艺流程

废船靠泊码头→检验、卫检消毒→测爆→开舱排气→拆解准备→清油→清理含油污水→冷拆松开各种管道（包括油管、气管、水管、电缆管及密封压力容器）→搬清生活区杂物→拆除生活区隔热材料→拆解机舱隔热材料→拆除甲板上设备及生活设施→拆解机舱管路及设备→拆解电缆及设备→拆解船体→拆解船底→拆解分类→清理拆解场地。

2. 船舶行业的主要安全风险及危险源分布

（1）主要安全风险

船舶建造、修理维护较一般装备制造蕴含更高的安全危险和高污染性。其风险的主要来源：野外作业、露天作业、高空作业、水上作业，船上切割焊接作业容易引起火灾和爆炸等事故；人员暴露于汞、铅等重金属及其他有

害物质和废料（及粉尘）中造成健康损害；各种油类、铅、汞和镉等重金属及其化合物等，不以安全环保方式操作处理及拆卸，将会导致污染物泄漏或违规排放到水体、土壤和大气中。

船舶行业的主要安全风险包括船舶涂装、明火作业、有限空间作业、船上电气作业、高处作业、船舶试验试航等作业活动中产生的火灾、爆炸、窒息、触电、高空坠落等，以及以下通用安全风险：机械电气设备及吊装运输设备风险；涉及危险化学品的保管、使用风险；危险物（压力气瓶/气罐）储存和使用、人员暴露于危险环境频繁；存在发生挤压、物体打击、吊物坠落、碰撞压伤、职业中毒、触电、火灾、爆炸等较大风险；野外作业、露天作业、高空作业、水上作业、船上切割焊接作业发生火灾和爆炸等风险；粉尘、噪声、各种油类、重金属及其化合物等职业危害。

（2）主要的危险源分布

1）火灾爆炸。①船板切割、钢材切割大量使用乙炔、氧气；②涂装作业中使用喷漆含有易燃易爆物质；③船舶自身携带大量燃油，船体本身还有大量的可燃或易燃分隔装饰材料，有发生火灾的可能；④动力电缆和照明设备供电电缆漏电、超负荷、接触电阻过大和短路等可能引起电气火灾；⑤电气设备超负荷运转或故障可能引起火灾；⑥施工、检修、拆卸切割中的焊接、切割可能引起火灾；⑦雷击可能引起火灾。

2）电击伤害：包括漏电、静电、雷电伤害。

3）中毒和窒息：切割、焊接作业可能发生窒息和氧中毒，有毒烟气吸入损害健康；涂装中的涂料含有二甲苯等有毒有害有机溶剂，可能引起人员急性或慢性中毒。

4）起重伤害：在所有起重设备进行吊运或检修的场所和活动中可能发生起重伤害。

5）厂内机械车辆伤害。

6）机械伤害：部件、设备加工制作、安装及拆解中，机械的直线、旋转运动，人与运动或静止的机械相对运动，摆动部件、咬合部件等，若防护措施或操作使用不当，可能发生人身伤害。

7）高处坠落和物体打击：生产作业、生产巡查和设备检查维修等活动中，可能发生高处作业人员坠落和高空坠物造成伤亡事故。脚手架不符合规定导致坍塌，可造成人员高空坠落和高空坠物。

8）淹溺：码头作业人员在船舶下水后的作业、船舶下水后的实验中，可能发生作业人员和相关人员落水淹溺危险。

9）噪声：加工制作中工件之间的（对位、矫正、合拢）碰撞，设备与工件之间的作用、设备和船舶运行等产生噪声。

10）台风、汛情的危害：遭遇台风和重大汛情时，固定的或移动的设备、设施可能发生倾斜、倒塌，可能危及人员生命安全。

3. 船舶行业安全控制措施

（1）构件加工、钢材预处理、气割、焊接、涂装作业安全措施

构件加工、钢材预处理、气割、焊接、涂装作业的主要危险源为机械伤害、烫伤、噪声、电击（触电）、有毒有害气体（粉尘）中毒。其安全控制措施包括：

①构件的剪、切、冲、压、折弯等由具备相应能力及资格的人员运行设备和操作，并有专人指挥及监护；

②所有加工设备的安全防护措施应齐全、有效、符合规定；

③气割、焊接人员需培训合格持证上岗并按章操作；

④切割、打磨设备应有防尘措施；

⑤设置的加工间、集中加工场所应有通风及吸尘装置；

⑥设备的维修、接电线等用电保障需专业电工照章操作，应安装漏电保护装置并接地良好，严禁私拉乱接；

⑦控制噪声，并配置使用护耳器或隔音耳塞等；

⑧对涉及铁锈粉尘、喷涂（油漆）和油气有机物挥发、酸碱的作业人员，配发使用个人防护品（防护帽、口罩、面具/呼吸器、防护服、防护眼镜、防护手套、防护鞋等），并定期检查和更换，确保有效使用；

⑨焊接及有毒化学品作业人员、电工等特种作业人员防护品应符合相应的规定、质量合格并在有效期内使用。

（2）机舱内组装、清洗、维修作业安全措施

机舱内组装、清洗、维修的主要危险源为机械伤害、火灾、爆炸、中毒、窒息。其主要的安全控制措施包括：

①制定和实施详细的作业规程、规范；

②机舱内作业要有专人照看，并定时联络；

③明火作业要严格审批并采取安全防护措施和应急预案；

④机舱内要加强通风、严禁密闭门窗；

⑤电焊施焊器件要待器件回到常温、余火熄灭后人员才可以离开；

⑥配备必要的消防器材和设备；

⑦使用防爆电器，事先检查并确保接线牢固可靠并防止电线老化、短路、搭铁等引起电火花；

⑧机舱内用电须采用安全电压。

（3）甲板、室外作业安全控制措施

甲板、室外作业危险源为高温、低温、湿滑及晃动。夏季天气热，甲板高温灼热，机舱内及密封场所内闷热，容易造成作业人员中暑或窒息；冬季天气寒冷，室外作业容易因低温致病或冻伤。其安全控制措施包括：

①设置扶栏，防止地面甲板湿滑造成行人滑倒摔伤；

②做好工具工件、设备固定（放置），防止其滑动造成撞伤或坠落物打击；

③采取措施减少高温、低温对作业人员健康和正确操作的不利影响；

④为防止切割或焊接人员吸入过多的有毒气体，操作人员应尽量站在上风向作业。

（4）舷外作业、船舶下水安全控制措施

舷外作业、船舶下水主要的危险源为高处坠落、坍塌、淹溺。其安全控制措施包括：

①作业人员须戴安全帽，高处作业（2米以上）要设安全网、佩戴安全带；

②脚手架支搭须经验收合格，减少物料堆放高度；

③船上的可移动设施要确认固定，防止滑移；

④工具要随手放入工具箱，不能随意散乱放置；

⑤船舶上坞、下水时牵引、导向钢丝绳受力可能被拉断崩伤人，人员要全部撤离；

⑥临水作业人员要穿好救生衣。

（5）船体总装、主机设备吊装安全控制措施

船体总装、主机设备吊装的主要危险源为起重伤害。其安全控制措施包括：

①根据设备特点和现场条件选用或设计技术上可行、可靠的吊装方案，制定专项安全技术措施；

②吊装方案和专项安全技术方案应在相关人员范围内进行有效沟通，准确知悉；

③设定吊装危险作业区域，挂安全警示标志，设专人加强警戒，防止他人误入吊装危险区；

④吊装作业的司机必须持证上岗，并派经验丰富的信号指挥、司索人员，挂钩人员要相对固定；

⑤吊装设备、钢丝绳、吊钩、吊具必须完好并符合安全系数要求；

⑥输电线路下作业，起重臂、吊具和钢丝绳等要避开规定的距离；

⑦夜间作业要有足够的照明，电力线路要由专业电工架设和管理，按规定设红灯警示，并装设自备电源的应急照明；

⑧风力 6 级以上禁止吊装作业；

⑨作业人员需严格遵守“十不吊”规定。

（6）修船和拆船安全控制措施

修船和拆船，在对船上设备设施、器件进行拆卸和拆解及船体的拆解过程中，存在许多不安全因素，包括：发生火灾、爆炸、机械伤害、中毒及室息、起重伤害、高处坠落或高空坠物、噪声、电击、重金属和有毒金属、燃油、含有污染物的压载水、废水泄漏等重大环境污染危险，可能危害操作人员和相关人员的健康安全和污染环境。其主要控制措施包括：

个人防护及保健措施：有害作业过程中的防护措施、作业结束后的防护措施以及个人生活中的保健措施。

(7) 个人防护

①企业应结合作业实际，按照 GB 11651—2008《个体防护装备选用规范》的规定进行防护用品选用和配置，并监督其正确、有效使用。应定期和不定期检查个人防护用品的配备、使用情况并检查其有效性，确保防护用品持续有效并按规定使用。

②有毒有害（如喷涂等）场所作业人员需使用的劳动防护用品，主要包括防尘口罩、防酸口罩、防毒面具、通风（送风/供气）面具（呼吸保护器）、防护眼镜、化学品防护服、防尘服、耐酸碱手套、耐油橡胶手套、抗溶剂手套、防酸和防滑鞋及靴、防护鞋等。石棉拆除人员需使用一次性衣物、手套、面罩、专用鞋、配备人工呼吸装置等。

③焊接、切割作业人员需配备和使用劳动防护用品，主要包括焊接面罩/口罩、通风焊帽、焊接护目镜、焊接防护服、防护手套、防护鞋、护耳器/隔音耳塞等。一般（普通）构件制作和装配作业人员的劳动防护用品，包括防尘口罩、手套、防护服、防护鞋、护耳器/隔音耳塞、安全帽等。

④接触有毒有害作业（如喷涂、石棉拆除）人员操作后，必须按要求清洗接触有毒有害物质的身体部分（如彻底洗手、工作后沐浴清洁全身皮肤），更衣后才能进行饮食或使用卫生间等；工作服应勤更换清洗；被沾污毒物的衣物应按规定收集保存处理。石棉拆除行业人员的更衣、清洗、淋浴设施与其他人员分开，排出的水必须进行过滤。

⑤企业应按照《用人单位职业健康监护监督管理办法》等相关要求，对从事有毒有害作业人员定期进行健康检查和事故后的健康检查，为个人保健提供支持，轮换工作岗位，进行职业病预防。譬如，拆船厂应对切割工人定期进行体检，检查血液和尿液中的铅含量，凡是血液中铅含量超过每毫升 60 微克的或尿液中铅含量超过每毫升 100 微克的，要立即调离切割工岗位以防持续铅暴露造成慢性中毒。从事有毒有害作业人员作息时间要规律化，适当参加体育锻炼，提高身体素质。在饮食上适当增加蛋白质、含钙食品及维生素 C 的摄入量，控制烟酒等不良嗜好。

(8) 紧急情况及应急管理

在造船、修船、拆船中可能因操作失误、工艺问题、安全技术保障缺失、设备失修及故障、管理缺陷或问题、外来损坏等原因，发生火灾、爆炸、触电、可燃助燃剂以及其他化学危险品泄漏造成人员伤亡、急性中毒或重大环境污染等突发事件。

1）企业应针对所识别的重大危险，制定意外事故防范措施和应急预案，避免或减轻意外事故职业健康安全的风险。并按照意外事故防范措施和应急预案，依规定进行测试、培训和准备。在重要的相关因素发生更改变化时，应对应急预案进行及时更新和培训、准备。

2）漏油事故风险的防范和应急措施。①在废船靠泊码头后，进行预清理前，在废船周围布设围油栏、吸油毡等，防止拆解过程中漏油事故发生。废船上残留的各类油及油泥由专业清油人员按照相关规范清理。②按照《港口码头水上污染事故应急防备能力要求》（JT/T 451—2017）配备溢油应急设备。③当发生漏油时，首先立即采取措施防止溢油扩散，然后根据具体情况首选采取物理方法回收；当无法用物理方法回收时，经批准后才能采用（可能造成二次污染的）化学方法进行回收。④对易燃易爆物质的使用和储存中潜在的火灾、爆炸风险，需按照相应规定进行使用、保管（库存）管控，并制定应急措施，相关操作场所配备消防器材和设施。⑤针对危险化学品库、乙炔站、制氧站、液化气站、木料场所、涂装作业场所、明火作业场所、起重作业场所、高处作业场所、船舱及密封作业、船舶下水作业等危险源制订应急预案。

4. 相关作业活动管理要求

（1）船台、船坞、浮船坞、码头、港池作业管理

①各种登船梯（桥）的搭设、调整和撤除应由专业部门负责；

②登船电梯应由专人操作；

③现场作业应做好临边防护，港池、码头、船坞、船台边沿应有明显防高处坠落警示标志和相关防护措施；

④造（修）船作业时，对污水应采用专用容器收集，不应将污水及其他垃圾排放、丢弃在船坞、船台、码头及港池。

（2）船坞、港池安全管理

①船坞坞门应经常检查、保养，确保无泄漏，严禁坞门上停放各种车辆

和堆物，严禁坞门行驶各种机动车辆，严禁利用坞门系带船舶；

②船坞、港池抽水泵房应保持清洁、干燥、设备完好，操作人员应持证上岗；

③坞门操作应由专人负责，操作过程严格按规程进行。坞门开启、关闭操作应在两侧水位相等情况下实施；

(3) 编制船舶建造工艺文件要求

在编制船舶建造工艺文件时，应对船舶施工过程进行危险性分析和环境因素识别。其主要内容包括：

①船舶建造作业方式的危险性；

②新设备、新工艺、原材料对人体的危害性；

③对环境的污染及范围。

(4) 下列施工工艺文件应送达安全技术部门

①分段翻身、吊装工艺；

②有毒有害物质、易燃易爆物质施工工艺；

③舱室通风、照明（临时）工艺；

④高处作业、脚手架搭设及拆除工艺。

(5) 船体焊接与装配作业要求

①必须执行 GB 9448—1999《焊接与切割安全》要求；

②采用二氧化碳保护焊的舱室，必须空气流通，防止缺氧，狭小空间禁止使用二氧化碳保护焊；

③焊接与切割区域禁止有易燃物品；

④氧气、乙炔气源收工后必须及时关闭，其软带不许滞留在舱内，应放置在露天处。

(6) 船舶下水前有关部门按下水工艺进行下列检查

①加固船上易滑动、坠落、倾倒的物件；

②清除水上区域的障碍物，水面警戒船就位；

③下水设备经试验完好，并由检验部门认可；

④船上紧急堵漏和救生物品配备完毕。

（7）船舶建造中的临时照明管理规定

①采用220V或110V电源照明时，必须配备安全隔离变压器或防触电保护装置；

②狭小密闭舱室必须使用36V以下安全电源的照明，易燃易爆场所必须设防爆照明；

③舱室的光照应符合相关规定。

（8）电气作业一般安全要求

①从事电气作业人员应根据作业要求正确穿戴劳动防护用品；

②从事电气作业人员应持证上岗；

③在有监护要求的场所进行作业时，电气作业人员应不少于两人，应指定专人进行监护；

④电气设备未经验电，一律视为有电，不应用手触及。

（9）金属焊割用燃气入舱作业要求

①燃气入舱作业应有专业燃气监测人员，配备在国家认可机构检定合格期限内使用的监测仪器；

②从事燃气入舱作业人员应接受专业安全教育培训，并考核合格持证上岗，按规定穿戴劳动防护用品；

③作业时，舱室应配备相应的通风设备；

④气瓶不应放置在船舱内。

（10）船厂明火作业前的准备工作

①作业前应按照动火审批程序办理动火申请手续，经审核批准后方可作业；

②明火作业人员应按动火审批的时限、范围动火，过期应重新审批；

③布置生产任务的相关人员应对每天的动火作业提出安全措施和具体要求，并逐人检查穿戴劳动防护用品是否符合规定，认真检查使用的设备、工具是否存在缺陷和泄漏。

（11）明火作业场所的要求

①严禁使用明火进行照明；

②作业场所应配备有消防器材；

③作业场所周围不应有易燃易爆物品，不应有与明火作业相抵触的作业；

④船上明火作业场所应标明紧急疏散逃生路线标志，船上有指明通向甲板各个应急出口的标志；

⑤有限空间或容器内气体应进行“测氧测爆”。

（12）下列情况不应进行明火作业

①焊割现场周围和焊割件内部情况不明；

②作业部位与外部接触处未采取安全措施；

③盛放过易燃易爆、有毒有害物质的各种容器，且未彻底清洗、通风、测爆；

④用可燃材料做隔层的设备或做保温、冷却、隔音、隔热的部位，且未采取安全措施；

⑤有限空间内无专人监护，无防护措施。

（13）涂装作业人员的基本要求

①涂装作业人员应经体检合格，符合健康要求，无职业禁忌证；

②涂装作业人员应经过本工种技术与安全专业知识培训，考核合格后持证上岗；

③监测人员应经过测爆安全技术培训，考核合格后持证上岗；

④各级涂装作业审批人员（安全管理、防火管理、生产管理）应经过安全技术培训，考核合格后持证上岗。

（14）喷涂作业场所安全要求

①喷涂作业场所内所有电气设备、照明设施，实现整体防爆；

②喷涂区应按喷涂范围和用漆量设置足够的消防器材，并定期检查，保持有效状态；

③喷涂作业场所应设置涂装作业安全警示旗及禁止烟火的安全标志；

④沾有涂料或溶剂的棉纱、抹布等物品应放入指定桶内，并做到及时清除，不得乱扔；

⑤船舱内进行喷涂时，其相邻舱室不应从事明火作业；

⑥进入作业区人员，不应穿化纤衣服和带铁钉的工作鞋，不应携带手机、

对讲机、打火机、火柴、钥匙及其他易产生静电或火花的物品，不应从事有可能引起机械火花或电火花的各种作业。

(四) 航空航天制造业的安全风险与管控

航空器是飞行器中的一个大类，是指通过机身与空气的相对运动（不是由空气对地面发生的反作用）而获得空气动力升空飞行的任何机器。包括飞机、直升机、气球、飞艇、滑翔机等。

飞机是常见的一种航空器。无动力装置的滑翔机、以旋翼作为主要升力面的直升机以及在大气层外飞行的航天飞机都不属飞机的范畴。

航天器（又称空间飞行器、太空载具等）是指在地球大气层以外的宇宙空间（太空）执行探索、开发或利用太空等特定任务的飞行器，如通信广播卫星、返回式遥感卫星、地球资源卫星、气象卫星、科学探测与技术试验卫星、导航卫星、载人航天器七大系列航天器和嫦娥月球探测卫星系列等。常见 OHS 危险源包括机械、装置和设备、压力设备、危险化学品、油漆和涂料、噪声、振动、辐射、人工搬运、火灾、爆炸等。

1. 航空、航天器制造的生产特点

航空、航天器是各行业各方面高端科技及产品的集成。其产品研制是庞大的系统工程，需要电子、机械、冶金、化工、建材、石油轻工、纺织等行业参与，涉及多个技术领域，包括航空、航天器设计、零部件及装备加工制造、装配与试验、总装调试等。

专业特点：产品/任务为复杂的大系统工程，由多个、多级子系统/任务组成，涉及多种专业/行业；产品可靠性和安全性要求高，质量安全风险高；除具有一般工业产品设计制造的安全危险因素外，其突出的高危险工作是推进剂制造和航天器发射前的推进剂加注。

航天器产品的生产特点：

分段分工进行，总承包单位抓总，由设计单位设计，再根据设计图纸由各地工厂生产零件/模块，然后由各地工厂组装成大的部组件/单机，再把各个部件运到总装厂进行组装，组好机身框架/分系统等，最后总装装上电子仪表、铺设好管路线路等，同时进行内部装修，安装舱内设施等。

航天产品种类繁多，以运载火箭制造和交付为例的业务流程如图 4-4 所示。

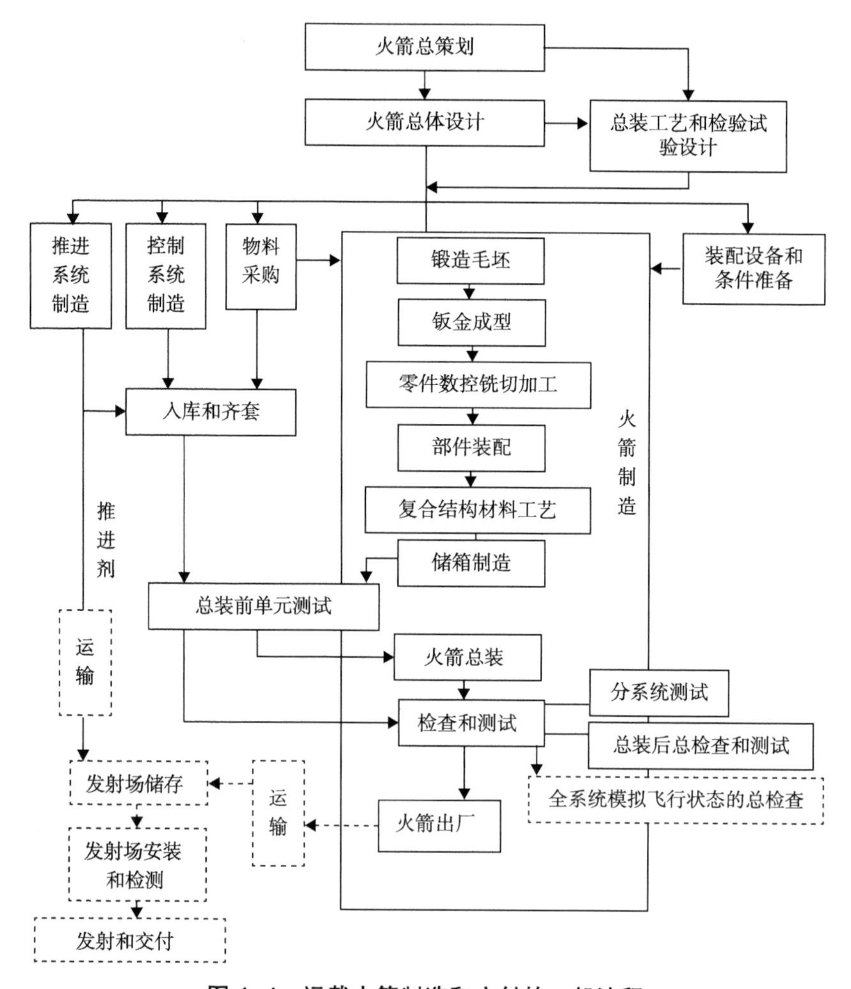

图 4-4　运载火箭制造和交付的一般流程

2. 航天器的动力特点

航天器的发射需要运载火箭，此外还需要航天器轨道机动系统、轨道转移系统和辅助推进系统等。航天推进系统的推进剂通过化学反应为火箭和（或）航天器推进系统提供能量。推进剂又称化学推进剂，含有毒有害、易燃易爆等危险物质。推进剂制造、作业是航天产品研制和交付中突出的危险因素。其类别包括：以固体状态存在的固体推进剂；以液体状态存在的液体推进剂；由固体燃料与液体氧化剂组合的固液推进剂；由液体燃料与固体氧化剂组合的液固推进剂。通常推进系统在发射场进行推进剂（液体）加注与（固体）安装后通过发射提供。

（1）固体推进剂

固体装药类推进系统主要由燃烧室壳体、固体推进剂、喷管组件、点火装置等部分组成。其制造主要包括：喷管、点火装置的设计与制造及检测，固体推进剂配方与制造成型及检测，以及系统总装与检测。固体推进剂是由氧化剂、燃料（可燃剂）和其他添加剂组成的固态混合物，按配方组分性质、质地的均匀性、能量水平有着不同的分类。以高能固体推进剂为能源的推进系统的制造为例，固体推进系统制造典型工艺流程如图 4-5 所示。

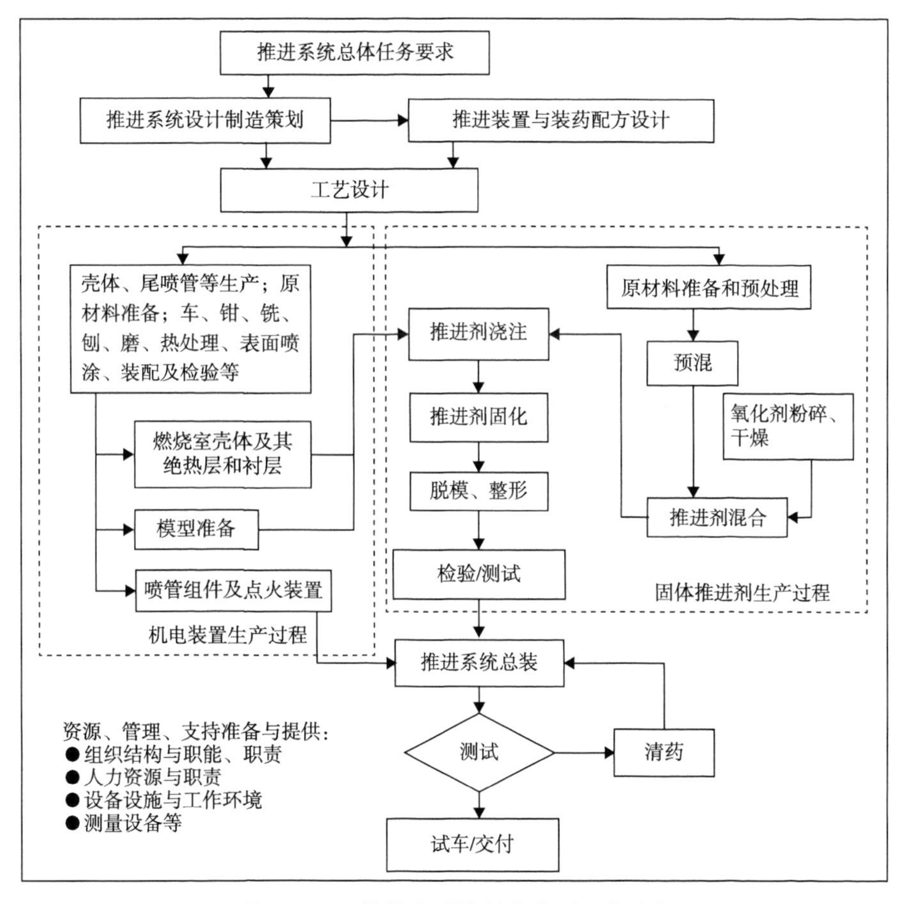

图 4-5　固体推进系统制造典型工艺流程

(2) 液体推进剂

液体推进系统分为低温推进系统和常规推进系统（也称常温推进系统）两大类。液体推进系统的组成主要包括：①氧化剂储存箱和燃料储存箱；②输送管道、泵、阀门、喷管、推进电子线路盒等组成的泵式供应系统或（增加高压气瓶）挤压式供应系统；③推力室；④氧化剂、燃料等。其制造主要包括推进系统结构和控制系统的设计、工艺设计、制造、检测、装配及调试检测，推进剂设计、加注方案设计、推进剂准备（制备与采购）及检测、发射场加注及检测，推进系统总装与检测，以及加注后的余料、废液和设备物资撤收等，如图 4-6 所示。

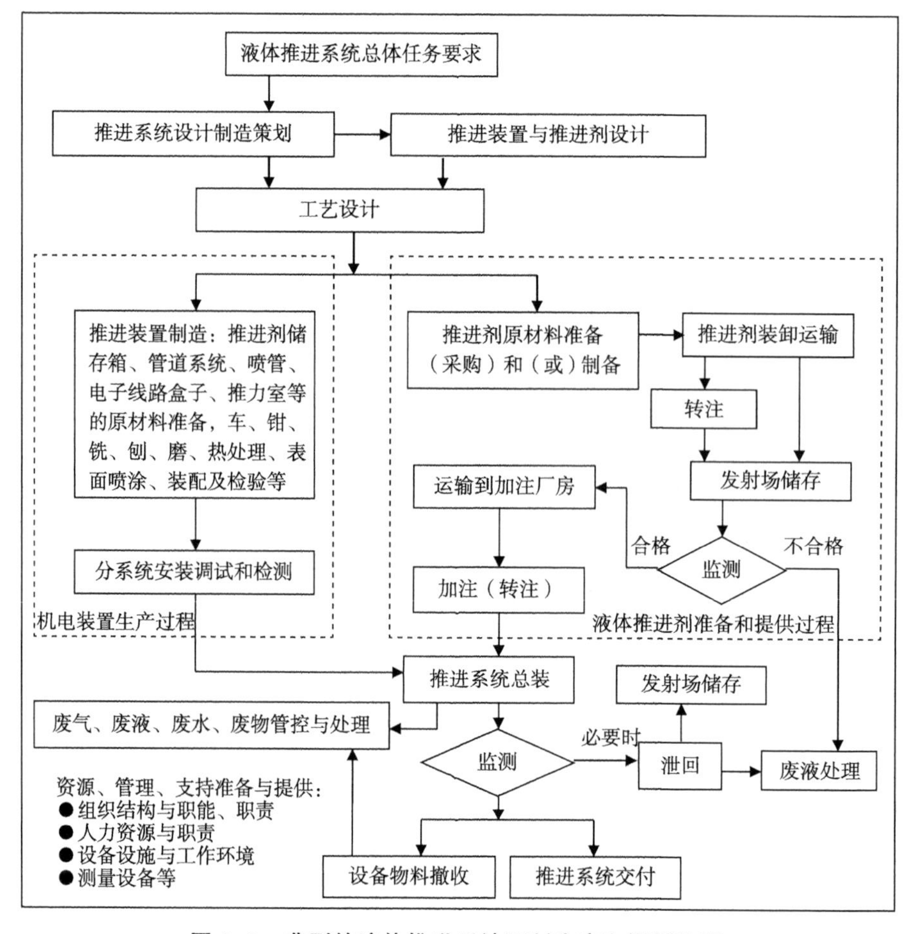

图 4-6 典型的液体推进系统研制生产和提供流程

精馏法制备四氧化二氮，是以直接法生产浓硝酸中的液体四氧化二氮为原料，经精馏塔精馏，冷凝器冷凝，获得液体四氧化二氮。

偏二甲肼由二甲胺亚硝化法（二甲胺与亚硝酸作用经还原反应）、液态氯胺法（二甲胺和氯胺反应）制得。

3. 航天发射试验

航天发射试验包括发射试验的组织指挥，运载器、有效载荷的转载转运、吊装对接、技术勤务保障，运载器的测试、加注和实施发射，飞行主动段的跟踪、测量和安全控制，试验任务中的通信、气象和各项技术勤务保障等。试验服务由测试发射、测量控制、通信保障、气象保障和技术勤务保障五大系统按分工共同完成。

航天发射试验过程分为试验准备、试验实施、试验总结评估三个阶段。各阶段主要活动如下：

试验准备阶段：接受发射试验任务、明确任务需求、对试验进行总体策划（包括资源配置、流程策划、文件准备等）进行危险源辨识、风险评价和控制措施确定。

试验实施阶段：各系统试验准备、各系统业务活动实施、进行危险源控制并管理职业健康安全风险。

试验总结评估阶段：试验数据分析、试验总结评估、进行试验职业健康安全绩效评估。

航天发射试验业务流程如图 4-7 所示。

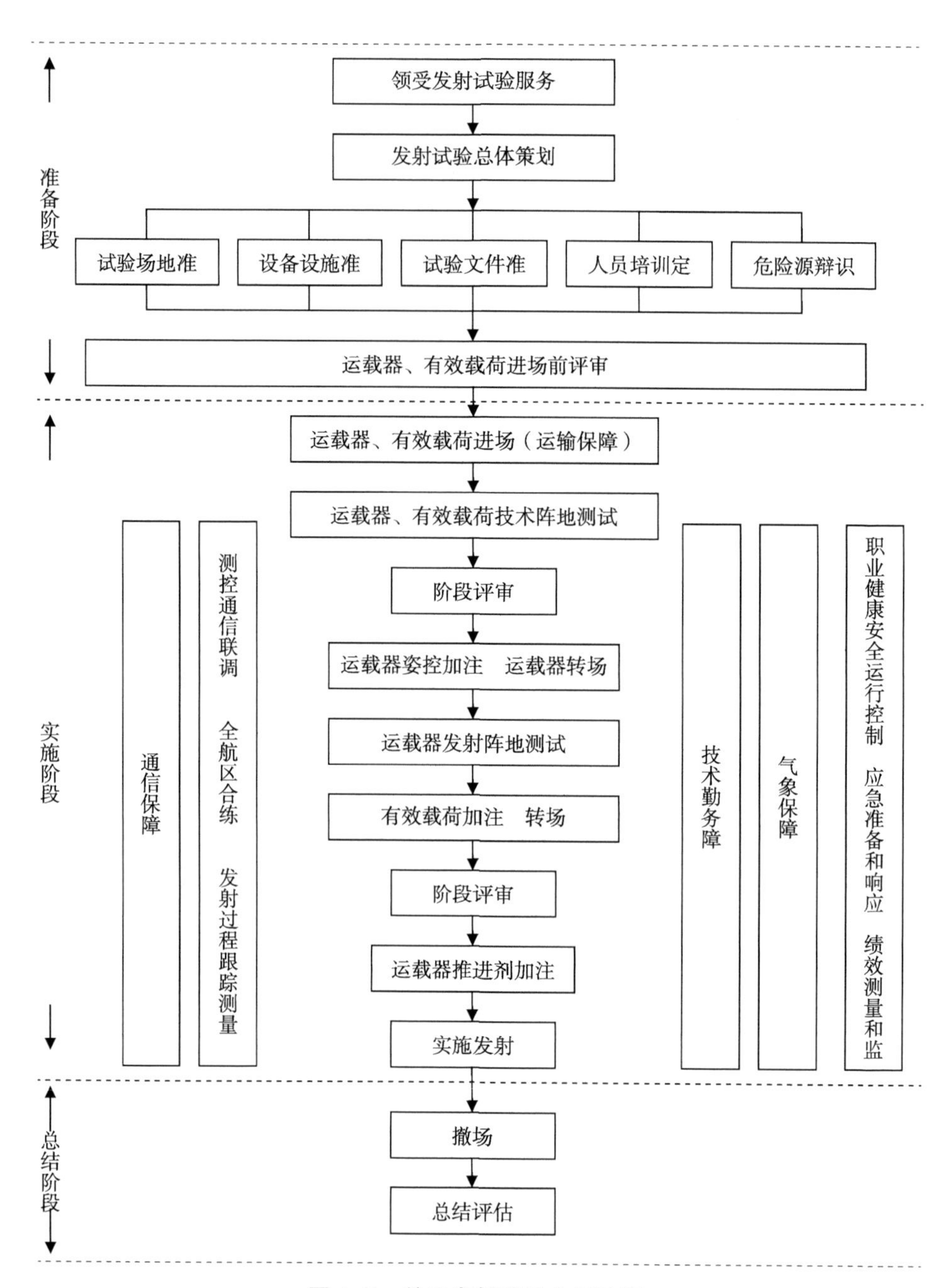

图 4-7 航天发射试验业务流程

4. 航空航天类产品实现过程中的安全风险和控制措施

航空、航天器装备制造及总装过程中的安全风险和控制措施与机械设备制造业类似，其控制部分与电子设备制造业类似。以下主要介绍其动力推进部分——推进剂研制生产中的主要危险因素及控制措施。

（1）固体推进剂研制生产中的主要危险因素分析和控制措施

1）固体推进剂研制生产中的主要危险因素分析。

固体推进剂常用原料多为危险化学品（火工品和有毒物多），在原料装卸运输、储存、检测试验、处理和推进剂制造、储存、装卸运输、安装、试验、使用、交付，以及废原料、推进剂储存和处理中，存在爆炸、火灾（燃烧）和中毒的高危险和其他危险。

①易燃易爆物原料和推进剂没有按规定的储存和操作条件、储存和操作量和分别储存与操作等要求。譬如储存和操作环境温度及湿度超标、受日光直接照射、受高热、受雷击，遇到明火、静电，通风不良，以及易燃易爆物质运输和储存中同时与有机物、易燃物（如油脂等）、氧化剂、强酸等混存混放（未达到隔离和隔离距离）等。

②运输、装卸（吊装）和放置、操作时，使易燃易爆物原料、固体推进剂受撞击和摩擦。

③固体推进剂制造工艺设计安全性未满足要求或存在缺陷。

④人员穿戴金属钉鞋操作、带发火物、带静电或穿戴可产生静电的衣物进入易燃易爆原料、推进剂储存和操作场所，引发火花和静电。

⑤使用不符合规定的工具（原料和药不相容的敏感材料），以及使用工具操作中产生摩擦、撞击火花及静电。

⑥推进剂原料使用（如取、盛、倾卸、称量等）的设备（包括容器）和推进剂制备设备存在问题、缺陷，或外来物、设备润滑剂污染原料和药，或静电防护装置失效、缺陷和接地不良（达不到规定的接地电阻要求）。

⑦原料准备和固体推进制造过程中混入不相容的杂质。

⑧加工、测试、安装等操作不符合操作规程。

⑨原料准备和固体推进制造过程中温度控制和监测失控，储存和操作量

超过设计限值。

⑩固体推进剂制造工房通风、粉尘收集过滤设备缺乏或失控，工作场所粉尘监测失控，以及操作中遇火花、高热及静电等，金属粉尘爆炸。

⑪原料泄漏，废原料和废药浆、废固体推进剂管理失控，以及废料销毁失控等。

⑫航天固体推进剂研制生产、试验和提交使用中的人员中毒主要包括有毒原料（甲苯二异氰酸酯、六次甲基二异氰酸酯、三乙醇胺等）失控中毒、铍粉末着火产生的氧化铍烟雾中毒、推进剂制造失控中毒、推进剂使用中毒。

2）固体推进剂研制生产的主要控制措施。

①对固体推进剂及其易燃易爆原材料采取安全储存、运输和装卸措施，包括：储存于阴凉、干燥、通风库房内，达到与储存物料相应的安全储存温湿度要求和通风要求；物料密封保存；包装、储存、运输、装卸及存取要防火、防热（日晒）、防静电、防潮（雨雪）、防撞击、防雷电、防震、隔热，不与易燃易爆物、氧化剂、油脂等有机物、浓（强）酸等混装运输和同时存放，产品放置、码垛整齐稳固，防止蹿动、倾倒和坠落。推进剂原料和推进剂产品按规定限量库存和装运。检查发现物料包装破损、物料泄漏要及时处理。原料和产品入出库办理登记手续并记录，做到账物相符。库房设置电话与报警装置。厂区各工序转运使用防爆专用车、可靠固定运输产品，装卸专人指挥，防止碰撞。

②生产设备设施安全措施主要包括：使用的所有接触原料和推进剂的设备和电器均设置防静电和接地装置，其接地电阻符合规定；对设备（包括生产、检测和安全监控、应急设备设施）——定期进行检查维护，保证技术状态良好；使用防爆型起重机，专人负责、定期维护检定，使用前进行安全检查，开动起重机慢速行驶；对直接接触易燃易爆原料和推进剂的运转设备，确保润滑密封可靠，防止润滑物泄漏污染原料和推进剂，可靠防止易松动件脱落污染及混入物料中；采用不易发生火花、不易产生静电的工具等。

③生产环境安全措施主要包括：推进剂研制生产厂房应定量定员，并有明显标志；生产区和工房应防火、防静电、防雷，保证规定的温湿度要求；厂区和工房需动用明火需经审批许可；配置和实施监测设备和方法；生产工

房配备消防器材及设施，并进行定期检查，保持有效；生产工房设置安全标志牌；工房内使用的管路用规定的颜色进行区分；对生产中掉落地面的原料、药料及时清理，对废药进行及时销毁；对易产生可燃气体、粉尘的工房设置通风换气系统，对工房空气中粉尘进行过滤；在工房主操作间禁止存放可燃有机溶剂，将溶剂存放在通风良好的专用间等。

④限值操作现场人数；人员穿戴防静电工作服、防导电鞋和规定的防护用品；操作人员应考核合格持证上岗，按照规程操作；对操作进行监控与确认。

⑤固体推进剂（原材料准备/处理和称量、预混、混合、浇注与固化、脱模和整形等）研制生产过程安全预防措施主要包括：生产前对容器设备等生产条件进行检查确认；人员操作前导散（释放）静电，工房进行限量控制；生产前对混合机进行试车检查，对混合机投料限人员限量控制，混合机装设过载自动保护连锁装置；氧化剂粉碎、混合工房装设防爆门及自动连锁装置；混合工房、固化工房装设自动消防雨淋系统；氧化剂筛选、粉碎、混合、机械干燥、推进剂固化、（脱模）脱主心棒、机械整形等实行隔离及（或）遥控操作，设备运行生产中工房不许有人，并监控工艺过程、设备工作状态和物料状态；采用大流量、低流速的局部排风系统，及时清除悬浮和沉积的金属粉尘；实施工房操作和储存限量控制；加料、出料和装卸产品小心谨慎，防止物料之间、产品之间及其与容器设备和工装器具之间摩擦碰撞；每次（锅）生产结束进行设备、容器残留原料及推进剂清理，工器具清理；管控废原料、加工中产生的废屑、废产品，并及时予以安全处理和销毁。

⑥固体推进剂发射场总装和提供、交付的主要安全预防措施：对推进剂按照易燃易爆和有毒物进行储运、装卸、安装及检测等操作控制，包括防爆、防火、防雷、隔热、防摩擦撞击、防潮、控制进入操作现场的人数；安装前操作人员应导散静电，穿戴防护用品，使用防爆设备和工具，按规程进行操作、监控、监测。

⑦对推进剂研制生产、测试、安装等过程中产生的废原料、废药浆、废推进剂进行管控和及时销毁处理。

⑧中毒主要预防措施。

a. 有毒物质按照规定的储存条件储存，主要包括：甲苯二异氰酸酯、六次甲基二异氰酸酯、三乙醇胺、铍粉等密封包装并储存在阴凉（低温）、干燥、通风、防火防潮环境中；与酸类、强碱、氧化剂等不相容物隔离存放。

b. 原料称量、检测和推进剂加工中，作业人员穿戴使用个人防毒保护用品，操作场所通风良好。

c. 原料、药的泄漏物和加工检测设备中的残留物及时清理和处理。对原料和推进剂包装物管控处理。

d. 实施实验室分析测试有毒物质管控措施和操作规定。

e. 对产生的废气、废水进行管控和处理后达标排放。

f. 准备消防器材和有毒物处理的用品。对甲苯二异氰酸酯、六次甲基二异氰酸酯、三乙醇胺、铍粉进行储存与操作时，准备干粉灭火器；救火时，戴防毒及氧气呼吸器等。

（2）液体推进剂研制生产中的主要危险因素分析和控制措施

液体推进剂分为低温推进剂和常规推进剂（也称常温推进剂）两大类。液体推进剂包括燃烧剂和氧化剂。常规推进剂，一般为强氧化剂四氧化二氮与许多燃料组成双组元自燃推进剂，如四氧化二氮/混肼、四氧化二氮/偏二甲肼、四氧化二氮/一甲基肼（也称甲基肼）等。最常见的组合是四氧化二氮/偏二甲肼。四氧化二氮有剧毒且有腐蚀性、有助燃性。偏二甲基肼等肼燃料具有毒性，且为易燃物。推进剂储存中通常使用氮气保压（置换）。

低温推进剂氧化剂为液氧，燃料为液氢及碳氧氢（煤油、甲烷、丙烷、烃）等，最常用的是液氧、液氢。液体推进剂储运、加注及泄回等使用压力容器（罐）、管道等。液体推进剂储存、转注、运输、存贮、转运、加注及泄回中，主要的危险包括压力容器爆炸、氢气燃爆、火灾、中毒、冻伤等。

1）中毒主要原因分析和控制措施。

航天运输载体和航天器目前使用的常规液体推进剂均有毒性。在推进剂的运输、转注、储存、取样、加注、泄回、废液处理以及应急救援等过程中，因管理以及操作控制措施不完善或缺失、设备与管道等泄漏、储存条件不满足要求，取样、转注、加注等操作失控，安全防护监测与人员防护存在问题，以及燃爆、交通事故等，可能发生常规推进剂泄漏，导致人员吸入、接触四氧化二氮、偏二甲肼等推进剂而中毒。主要预防措施如下。

①制定和实施推进剂的储存和安全操作使用规程和应急措施规程。制订应急方案，实施应急准备。

②使用符合《压力容器安全技术监察规程》要求的储存容器，保持操作系统的洁净、干燥、可靠连接，仪器仪表阀门及泵等工作正常。

③操作人员熟知推进剂的理化性质、操作规程、安全防护和应急措施，掌握有关设备性能和适应要求，经考核持证上岗。

④贮存和操作环境保持洁净和良好通风，装设推进剂浓度监测仪、安全报警设备并保证正常运行，备有防毒用品、救护设备与用品、中和剂、清洗剂和充足的水。加注时救护车和医务人员现场待命等。

⑤按照操作规程进行操作。操作前和操作中进行通风、温度、液位、压强和设备及仪表检查；尽量减少操作现场人员，但每个操作岗位必须有至少两名操作人员在场。

⑥进行加注前的全系统连接检查、技安检查和加注演练。

⑦人员防护：进行四氧化二氮地面加注、转注、废液处理、管道清洗、抢救和救护等操作穿戴防酸不透气的全封闭防护服，佩戴自供氧式防毒面具；进行少量四氧化二氮取样和废液处理作业时，穿戴防酸防护衣、靴和过滤式防毒面具及防酸防护手套。进行偏二甲肼地面加注、转注、废液处理、管道清洗、进罐作业、抢救和救护等操作佩戴自供氧或供空气防毒面具，穿戴耐酸碱防毒衣、手套和靴；进行保管、取样等少量偏二甲肼操作时，实行二级防护佩戴过滤式防毒面具，穿戴耐酸碱防毒衣、手套和靴。操作四氧化二氮、偏二甲肼后淋浴更衣等。日常管理、进入作业和污染及其他低浓度的环境，采取三级防护及适当防护。

⑧含推进剂的废气送废气处理系统处理后排放，含推进剂的废水收集后送污水处理系统进行处理达标后排放。

⑨应急处理措施包括：a. 对推进剂吸入、溅入眼睛、污染皮肤和衣物等，采取急救与自救措施。b. 对容器管道泄漏，找到泄漏部位，放置盛有中

和液的接收容器并采取恰当方法处理（包括补漏或将推进剂转注到备用容器中等）；对泄漏液污染处采用洗消溶液洗消，或用大量水冲洗。

2）爆炸和火灾的主要原因分析和控制措施。

主要原因不限于：

①常规推进剂运输、储存和操作条件等不满足规定要求，四氧化二氮储存与操作环境存放燃料和易燃物等，偏二甲肼与氧化剂、可燃物混放，推进剂（及泄漏）遇到可燃物（燃料）、高热、明火、雷电等，着火引起燃烧及引发爆炸和火灾。

②低温推进剂液氧、液氢的运输、储存和操作条件等不满足规定要求，储存设备、转注和加注管道、接头、泵/系统气密性不满足要求，液氧、液氢泄漏，遇高热、明火、静电、电火花等，导致液氧、液氧燃爆；储存容器安全阀、液位计、排气管失效以及压力监测失控超压爆炸；液氧、液氢排放及储存场所通风不良造成氧气积累，与燃料及易燃物混存、接触，遇高热和火花等，导致燃爆及火灾。

③操作环境存放燃料和易燃物等；在雷电时进行转注、排气、加注作业。

④推进剂在取样、转注、加注、泄回等操作中，违反操作规程，造成推进剂泄漏、氧化剂和燃料接触，以及火花、静电导致燃爆及火灾。

⑤推进剂储存容器、转注、加注容器、管道系统质量及维护问题造成泄漏；容器、管道系统动火及可产生静电、火花，维修作业前推进剂未清除干净。

⑥用于低温推进剂储存保压和置换的氮气等惰性气体气瓶储存和使用中遇高热、撞击造成爆炸；气瓶（容器）安全阀、阀门失效导致超压爆炸；气瓶不满足压力容器要求发生爆炸等。

主要预防措施：

①制定和实施推进剂的储存和安全操作使用规程和应急措施。

②使用符合《压力容器安全技术监察规程》要求的储存容器；储存和转注、加注容器及管道系统装设如温度、压力、液位、流量等监测设备和自卸压装置（如安全阀）等，并进行定期和操作前、操作中的安全检查。

③使用符合《气瓶安全监测规程》的气瓶，并按规定使用和管理。

④推进剂储存和操作现场采取防火防爆、防雷措施，温度控制在规定范围，设置有通风设备、推进剂浓度监测仪、消防救护设备并能正常运行，保持洁净和良好通风，消防应急物质配置到位。严禁明火，禁止存放燃料、易燃物品、氧化剂及其他杂物，并设置醒目的安全标志，禁止无关人员在场。

⑤进入操作现场的所有人员严禁穿金属钉鞋和携带发火物品。

⑥采用防爆储存和操作电器及工具，运输、储存、转注及加注管道设备（系统）接地；操作场地采取防静电、防雷措施。

⑦操作人员按照规程进行取样、（低温推进剂）置换、转注、加注、泄回、应急处理、废液处理以及容器管道维修等操作；操作前和操作中进行设备、环境状态和操作参数监测；操作时轻拿轻放，防止坠落、抛掷、撞击、翻滚等不安全操作，防止引起火花。推进剂泄回时，氧化剂和燃料不同时泄回，先泄燃料，后泄氧化剂。

⑧进行加注前的全系统连接检查、技安检查和加注演练。加注时消防车和消防人员现场待命等。

⑨废推进剂处理：废低温推进剂，废液氧远离火源自然蒸发排放；少量废氢在良好通风下自然蒸发，排气管高空限速排放，大量和需要急排时按规程点火燃烧等处理。常温推进剂四氧化二氮、偏二甲肼废液、废气按规定处理后排放。

⑩推进剂着火处理：切断推进剂源，切断电源；或用水冷却等方法给容器降温并保护附近的推进剂容器、可燃物及其他相邻的设备，但水不得直接对准泄漏处操作；如有可能，在处理的同时，将着火中的容器移开；使用相应的灭火器；失控时，组织人员撤离。惰性气体容器附近着火，应及时灭火，用水冷却容器并将储存容器撤离至安全区，防止压力容器高温高压引发爆炸。

3）冻伤的主要原因及控制措施。

①主要原因：由于液氧、液氢、液氮等泄漏，操作失误，操作人员未按规定使用防护用品等，导致人员接触低温物质造成冻伤。

②主要预防措施：防止低温物质泄漏；按规定进行操作；按要求正确选用和穿戴防护用品（耐低温和渗透的防护服、手套、靴、防护镜等）。紧急救护措施：当低温物溅到皮肤上，立即撤离现场，用温水浸泡，并送医院治疗。

4）窒息的主要原因及控制措施。

①主要原因：由于液氧、液氢、液氮等泄漏，造成环境空气含氧量低，可能导致人员窒息。

②主要预防措施

a. 储存场所和操作现场：装设氧浓度监测设备并保持正常运行；保证通风良好；设置警示标志；禁止无关人员进入；策划和配备应急设备和物资；在氧气含量低和泄漏事故救援时，按要求正确选用和穿戴防护用品（如供氧式防护面具等）。

b. 紧急救护措施：将窒息人员立即移至空气新鲜处，并进行人工呼吸和医疗救护。

5. 航天运输主要危险因素发生原因分析与控制措施

根据航天发射试验服务项目及其工作流程，在发射试验服务过程中存在的主要职业健康安全危险因素有高处坠落、起重伤害、车辆伤害、机械伤害、触电、微波辐射、压力容器（压力管道）爆炸、物体打击、推进剂中毒、燃烧爆炸（火工品、推进剂）等。

（1）高处坠落

航天发射试验服务过程可能发生高处坠落的活动（场所）主要有：运载器、有效载荷装卸车；技术区运载器、有效载荷吊装及测试；发射区运载器、有效载荷吊装及测试；推进剂加注；测控、通信、气象和勤务保障中设备操作或维护等作业。

1）高处坠落发生的原因。

高空工作升降车缺乏维护保养和检查；移动式工作梯台无防护围栏、使用放置不稳，未打支腿；高处或高空作业平台防护栏缺失或损坏；高处或高空作业人员未系安全带；发射区脐带塔摆杆铺设脱插电缆，脐带塔活动平台合拢后下方未装设安全网；作业人员倚靠高空作业平台护栏；在上下塔架失足或行走时磕绊；人员安全教育不到位；安全检查不到位；隐患整改不到位等。

2）预防发生高处坠落控制措施。

建立高空作业管理制度、安全检查制度和作业操作规程；对高空作业人员进行安全培训教育；高空作业平台防护栏等安全设施安装到位，牢固可靠；安全带、安全帽、防滑工作鞋等安全防护用品配备齐全；按规定组织实施相关设施技安检查，确保安全防护措施可靠有效；对检查出的安全隐患及时进行整改；按操作规程安全使用工作梯台；高处作业人员高处作业时必须佩戴安全带、安全帽，穿防滑工作鞋。

（2）起重伤害

航天发射试验服务过程可能发生起重伤害的活动（场所）主要有：运载器、有效载荷装卸车；技术区运载器、有效载荷吊装；发射区运载器、有效载荷吊装；试验期间测控设备转场过程设备吊装。

1）起重伤害发生的原因。

规章制度不健全；安全教育、培训不到位；作业人员无证上岗；未执行停送电操作制度；人员进行作业未戴安全帽；起重机超过安全检验期；作业期间无统一指挥，无人监护；吊装过程中起重机安全装置失效；专用吊具未按期校验；吊装作业前作业人员未对吊具进行检查确认；吊具与产品连接不牢；吊装作业过程中指挥错误；产品吊运超速；产品吊运路线下方有人员通过；产品装配对接时作业人员手未及时离开接触面，作业环境不良等。

2）预防起重伤害措施。

建立制定起重作业安全管理制度和安全操作规程；对起重作业人员进行上岗前安全教育培训；吊装作业前应明确现场负责人，设专人统一指挥，指挥信号统一规范；起重机司机应取得特种作业安全操作证；操作人员应经过安全培训；吊装前要认真检查起重机、吊具，确保其在检定周期内；规定吊装作业工作区，无关人员禁止入内；吊装产品时，不得超过起重设备或吊具的额定载荷；吊装产品必须使用专用吊具；产品吊运过程中，产品下面严禁站人或通行；起吊前应系好拉绳，吊运中应有作业人员护送，及时调整产品位置，避免碰撞；吊装中如遇到紧急情况，应立即向起重机司机发出“紧急停止”信号，并采取适当的应急措施。

（3）车辆伤害

航天发射试验服务过程可能发生车辆伤害的活动主要有：运载器、有效载荷进场公路运输；运载器、有效载荷使用轨道驾车在厂房内的转运；运载器、有效载荷在厂房之间及技术区到发射的转场运输；活动测控设备转场运输；试验期间参试人员驻地与工作区之间及场区内班车运输等。

①车辆伤害发生的原因。车辆管理制度不完善；驾驶人员无证驾驶；未按规定对车辆进行维护保养；运输车使用前未进行安全检查，车辆制动及电气装置失效；转运中押运和保障人员攀坐架车；产品与架车固定连接不牢；轨道架车和公路架车转运中超速；转运途中围观人员过多；作业人员班车超载；驾驶员疲劳驾驶等。

②预防车辆伤害的控制措施。建立健全车辆安全管理制度和检查制度；对驾驶员进行安全教育和培训；按规定对车辆进行维护保养；车辆使用前应组织技安检查，确保车况符合试验技术文件要求；加强转运过程的秩序管理，严格控制转运现场和产品通行道路的人员；押运和保障人员应遵守转运方案和操作要求，严禁超速行驶；保证驾驶员按时作息，禁止班车超员。

(4) 触电（雷击、静电危害）

航天发射试验服务过程可能发生触电的活动（场所）主要有：航天发射场供配电站；设备工作机房；运载器测试厂房；运载器、有效载荷吊装、测试、加注、发射控制过程；建筑物及电气设备设施受到雷击；静电可能引起火工品、推进剂爆炸燃烧事故；静电电击导致误操作造成高处作业人员坠落等二次事故。

①触电发生原因。从业人员缺乏电气安全知识；设备不合格；违章操作；建筑物防雷接地不符合要求；设备接地不符合要求；未配备安全帽、绝缘手套、绝缘鞋等安全防护用品；电工未取得从业资格证书；电工未正确穿戴和使用安全帽、绝缘手套、绝缘鞋、试电笔、绝缘梯等防护用品；临时用电接线不符合要求。

②预防触电（雷击、静电危害）的控制措施。建立安全操作规程及安全检查制度；加强人员电气安全知识教育和培训；供配电形式应符合发射场供配电有关安全标准要求；使用合格的电气产品；建筑物防雷接地符合要求并定期检测；设备接地符合要求并定期检测；安全帽、绝缘手套、绝缘鞋、试

电笔、绝缘梯等安全防护用品配备齐全；加强供配电设施的安全检查，产品进场前组织完成供配电设施、电气保护接地、防雷接地、静电接地等项检查；产品总装测试前组织完成供配电技安检查；产品加电前岗位操作人员应检查确认；现场使用的临时接线板必须经过检测，并在校验期内使用；电气作业、火工品测试操作和产品总装测试人员应按规定穿戴防护用品等。

（5）微波辐射

航天发射试验服务过程可能发生微波辐射的活动（场所）主要有：航天运输载体和航天器遥测、外安系统测试过程；无线电设备工作过程；无线电设备机房。

①微波辐射伤害原因分析。微波工作场所管理制度未建立或不完善；微波工作场所屏蔽网缺失或损坏；微波服、防护镜未配备；人员未按规定使用微波服、防护镜；警示标志、标识缺失或设置不明确。

②预防微波辐射伤害的控制措施。建立健全微波工作场所管理制度；微波工作场配置屏蔽网；微波服、防护镜配备齐全，现场作业人员应穿防微波服、戴防护镜；划定配置工作区，设置警示标志，禁止无关人员进入现场。

（6）锅炉、压力容器（压力管道）爆炸

航天发射服务过程可能发生压力容器（压力管道）爆炸的活动（场所）主要有：锅炉房、氦气瓶库、氮气瓶库、空气瓶库、液氮储罐、液氧储罐、液氮槽车、液氧槽车、液氢槽车；加注管路；空压机房；空气、氮气、氧气生产、灌装、储存、输送过程；氦气、氢气运输、储存、输送过程。

①锅炉、压力容器（压力管道）爆炸原因。未建立健全锅炉、压力容器（压力管道）安全规章制度；操作人员未取得资质证书或违章操作；锅炉、压力容器（压力管道）及安全附件未按规定进行日常检查和定期检验；压力容器（压力管道）放置安全间距不满足要求；气瓶无防倾倒措施；生产、灌装、储存、保管场所防火防爆未满足要求。

②锅炉、压力容器（压力管道）爆炸的预防控制措施。建立健全锅炉、压力容器（压力管道）安全规章制度及操作规程，人员按规章操作；操作人员获得相应资质证书；锅炉、压力容器（压力管道）设计符合安全标准规定；

锅炉、压力容器（压力管道）及安全附件完好无损，标识正确；定期对锅炉、压力容器（压力管道）及安全附件进行检查和校验；各类气体生产、灌装、储存、保管场所符合防火防爆要求。

（7）物体打击

航天发射试验服务过程可能发生物体打击的活动（场所）主要有：运载器、有效载荷装配作业中操作人员使用的工具、照明灯具等脱落；厂房设施及起重机械连接零部件松动脱落；测试现场气源硬管或软管破裂；推进剂加注软管气密试验等。

①物体打击产生原因。物体放置不符合要求或悬挂不牢靠；操作工具使用后未及时放入专用工具袋；移动气源软管未固定或没有保护措施等。

②预防物体打击发生的控制措施。装配作业时使用的工具应拴绳并套在手腕上；移动照明灯具在舱内应悬挂牢靠；塔上作业和舱内作业使用的工具等应用专用工具袋；火箭储箱气密试验、高压气瓶增压，移动气源软管应固定；燃料加注软管气密试验时，禁止操作人员近距离观察，可采取远程监控；技术区总装测试现场及发射区塔架上铺设的供气软管采取保护措施，禁止踩踏；气源软管应在有效期限内使用等。

（8）火工品、推进剂燃烧爆炸

航天运输载体和航天器发生的燃烧爆炸主要有火工品爆炸、推进剂泄漏燃烧爆炸。产品安装的火工品主要有爆炸螺栓、反推及侧推火箭、逃逸塔、爆炸器等，可能发生火工品爆炸的活动主要有火工品测试、火工品安装、火工品储存等。

推进剂燃烧爆炸发生的活动（场所）主要有：推进剂储存、转注；航天器燃料加注；航天运输载体射前常规燃料和低温燃料加注。

①燃烧爆炸发生原因。火工品存储库房温湿度、静电接地、防雷接地不符合防爆要求；火工品测试及安装现场不满足防爆要求，如无专用防静电工作台、未设专用接地线等；操作人员未按规定穿戴防护用品；测试及安装时违反安全操作规程。推进剂燃烧爆炸的原因主要有：氧化剂和推进剂意外混合；燃烧剂泄漏与空气（或氧气）混合，形成爆炸性气体，在爆炸极限范围

有点火源。

②爆炸预防控制措施。火工品存储库及测试装配现场电气、设施应符合防爆要求；作业人员应按规定穿戴防护用品；测试和装配作业时应遵守测试细则和安全操作规程。常规液体推进剂氧化剂库房与燃烧剂库房应保持安全距离；推进剂储存库房及航天器加注厂房设计应符合建筑设计防火规范要求；现场电气及通风装置应为防爆设计；推进剂储存库房及加注现场设置可燃气体浓度检测仪；加注现场禁止火源，禁止使用非防爆电气；操作按安全操作规程和加注工艺流程操作等。加注时救护车和医务人员、消防车和消防人员做好应急准备。

（9）推进剂中毒

航天运输载体和航天器目前使用的常规液体推进剂主要有：偏二甲肼、四氧化二氮，DT-3、无水肼、一甲基肼。在储存、运输、保管、加注过程中均可能发生中毒事故。

①推进剂中毒产生原因。推进剂储存保管不满足要求；进入库房人员未按要求佩戴防毒用品；推进剂输送管道、阀门、法兰、加（泄）连接器密封不好，导致泄漏。

②推进剂中毒预防控制措施。推进剂储存保管应符合危险化学品保管存储技术要求；推进剂库房应保证通风良好；进入库房人员应佩戴防毒用品；加注推进剂输送管道、阀门、法兰、加（泄）连接器应密封良好，防止泄漏；推进剂加注人员必须穿防毒衣，戴防毒面具。拆卸加注软管时尽可能在上风处作业等。加注时救护车和医务人员、消防车和消防人员做好应急准备。

第五章

应急管理与事故管理

为防范化解重特大安全风险，健全公共安全体系，整合优化应急力量和资源，推动形成统一指挥、专常兼备、反应灵敏、上下联动、平战结合的中国社会主义特色应急管理体制，提高防灾减灾救灾能力，确保人民群众生命财产安全和社会稳定，2018 年 3 月中共中央国务院将国家安全生产监督管理总局的职责、国务院办公厅的应急管理职责、公安部的消防管理职责、民政部的救灾职责，国土资源部的地质灾害防治、水利部的水旱灾害防治、农业部的草原防火、国家林业局的森林防火相关职责，以及中国地震局的震灾应急救援职责、国家防汛抗旱总指挥部、国家减灾委员会、国务院抗震救灾指挥部、国家森林防火指挥部的职责整合，组建成立中华人民共和国应急管理部。

一、应急管理

（一）应急预防

应急概念是针对特重大事故灾害的危险问题提出的。危险包括人的危险、物的危险和责任危险三大类。首先，人的危险可分为生命危险和健康危险；物的危险指威胁财产和火灾、雷电、台风、洪水等事故；责任危险是产生于法律上的损害赔偿责任，一般又称为第三者责任险。其中，危险是由意外事故、意外事故发生的可能性及蕴藏意外事故发生可能性的危险状态构成。

贯彻“安全第一、预防为主”的方针，如果没有具体的、可行的“招”——具体方法和途径，将只能成为空口号。人是安全管理和风险预防最重要的因素，因此除了按照消除、替代、工程措施、标示与警告及管理措施，个体防护的层级与顺序来针对所识别的具体安全风险采取相适应的控制措施外，还有必要采取诸如安全保险奖励（如车辆保险，不出事故就减少保险费等）、风险抵押金等（考虑和利用“经济人”的人之本性），以及进一步做好风险定性和定量分析与沟通等具体的办法，促发和引导组织的各类人员发自内心地积极、主动、自动规避风险、防控风险。应急管理（应急预案和应急准备等）是风险防控的必要措施和重要环节之一，具体是“双重预防”机制和“六位一体”管控体系。

双重预防是指风险分级管控、隐患排查治理。

构建双重预防机制的目的：构建双重预防机制就是针对安全生产领域“认不清、想不到”的突出问题，强调安全生产的关口前移，从隐患排查治理前移到安全风险管控。

双重预防机制构筑防范生产安全事故的两道防火墙：第一道是管风险，第二道是治隐患。

双重预防机制基本工作思路：通过双重预防的工作机制，切实把每一类风险都控制在可接受范围内，把每一个隐患都治理在形成之初，把每一起事故都消灭在萌芽状态。

双重预防机制建设的目标：构建双重预防机制就是要在全社会形成有效管控风险、排查治理隐患、防范和遏制重特大事故的思想共识，推动建立企业安全风险自辨自控、隐患自查自治，政府领导有力、部门监管有效、企业责任落实、社会参与有序的工作格局，促使企业形成常态化运行的工作机制，切实提升安全生产整体预控能力，夯实遏制重特大事故的坚实基础。

“六位一体”管控体系：排查（建库）、辨识（分级）、管理（明责）、控制（防范）、预警（促改）、考评（奖惩）管控体系。

（二）应急预案

我国1949年以后，开始经历了单项应急预案阶段，到2001年开始进入综合性应急预案的编制使用阶段。在我国的煤矿、化工厂等高危行业，一般会有相应的事故应急救援预案和灾害预防及处理计划；公安、消防、急救等负责日常突发事件应急处置的部门，都已制订各类日常突发事件应急处置预案；20世纪80年代末，国家地震局在重点危险区开展了地震应急预案的编制工作，1991年完成了《国内破坏性地震应急反应预案》编制，1996年国务院颁布实施《国家破坏性地震应急预案》；大约在同一时期，我国核电企业编制了《核电厂应急计划》，1996年，国防科工委牵头制订了《国家核应急计划》。

2001年开始，上海市编制了《上海市灾害事故紧急处置总体预案》；2003年9月，由于SARS的影响，北京市发布了《北京防治传染性非典型肺炎应急预案》；同年7月，国务院办公厅成立建立突发公共事件应急预案工作小组，开始全面布置政府应急预案编制工作。随着2006年1月8日国务院发布的《国家突发公共事件总体应急预案》出台，我国应急预案框架体系初步形成。是否已制订应急能力及防灾减灾应急预案，标志着社会、企业、社区、家庭安全文化基本素质的高低。作为公众中的一员，我们每个人都应具备一定的安全减灾文化素养、良好的心理素质和应急管理知识。

2019年12月以来，湖北省武汉市出现了新型冠状病毒肺炎疫情，这是近百年来人类遭遇的影响范围最广的全球性大流行病，对全世界是一次严重危机和严峻考验。新冠肺炎疫情是中华人民共和国成立以来发生的传播速度最快、感染范围最广、防控难度最大的一次重大突发公共卫生事件，随着疫情的有效控制和常态化防控要求，我国将新冠肺炎纳入《中华人民共和国传染病防治法》规定的乙类传染病并采取甲类传染病的预防、控制措施，纳入《中华人民共和国国境卫生检疫法》规定的检疫传染病管理，同时做好国际国内法律衔接。一些地方人大常委会紧急立法，在国家法律和法规框架下授权地方政府在医疗卫生、防疫管理等方面，规定临时性应急行政管理措施。

应急预案指面对突发事件如自然灾害、重特大事故、环境公害及人为破坏的应急管理、指挥、救援计划等。它一般建立在综合防灾规划上。其重要子系统为：完善的应急组织管理指挥系统；强有力的应急工程救援保障体系；综合协调、应对自如的相互支持系统；充分备灾的保障供应体系；体现综合救援的应急队伍等。2020 年 9 月 29 日 GB/T 29639—2020《生产经营单位生产安全事故应急预案编制导则》发布，于 2021 年 4 月 1 日开始实施。

1. 应急预案体系构成

应急预案：针对可能发生的事故，为最大限度减少事故损害而预先制订的应急准备工作方案。

应急响应：针对事故险情或事故，依据应急预案采取的应急行动。

应急演练：针对可能发生的事故情景，依据应急预案模拟开展的应急活动。

应急预案应形成体系，针对各级各类可能发生的事故和所有危险源制定专项应急预案和现场处置方案，并明确事前、事发、事中、事后的各个过程中相关部门和有关人员的职责。生产规模小、危险因素少的生产经营单位，综合应急预案和专项应急预案可以合并编写。

综合应急预案：从总体上阐述事故的应急方针、政策，应急组织结构及相关应急职责，应急行动、措施和保障等基本要求和程序，是应对各类事故的综合性文件。

专项应急预案：针对具体的事故类别（如煤矿瓦斯爆炸、危险化学品泄漏等事故）、危险源和应急保障而制订的计划或方案，是综合应急预案的组成部分，应按照应急预案的程序和要求组织制订，并作为综合应急预案的附件。专项应急预案应制定明确的救援程序和具体的应急救援措施。

现场处置方案：针对具体的装置、场所或设施、岗位所制定的应急处置措施。现场处置方案应具体、简单、针对性强。现场处置方案应根据风险评估及危险性控制措施逐一编制，做到事故相关人员应知应会，熟练掌握，并通过应急演练，做到迅速反应、正确处置。

2. 应急预案分类

总体预案所称的突发公共事件，是指突然发生，造成或者可能造成重大人员伤亡、财产损失、生态环境破坏和严重社会危害，危及公共安全的紧急事件。

总体预案将突发公共事件主要分成如下四类：

一是自然灾害：主要包括水旱灾害、气象灾害、地震灾害、地质灾害、海洋灾害、生物灾害和森林草原火灾等；

二是事故灾难：主要包括工矿商贸等企业的各类安全事故、交通运输事故、公共设施和设备事故、环境污染和生态破坏事件等；

三是公共卫生事件：主要包括传染病疫情、群体性不明原因疾病、食品安全和职业危害、动物疫情以及其他严重影响公众健康和生命安全的事件；

四是社会安全事件：主要包括恐怖袭击事件、经济安全事件、涉外突发事件等。

按照各类突发公共事件的性质、严重程度、可控性和影响范围等因素，总体预案将突发公共事件分为四级，即Ⅰ级（特别重大）、Ⅱ级（重大）、Ⅲ级（较大）和Ⅳ级（一般），依次用红色、橙色、黄色和蓝色表示。

3. 应急预案类型

应急预案是针对具体设备、设施、场所和环境，在安全评价的基础上，为降低事故造成的人身、财产与环境损失，就事故发生后的应急救援机构和人员，应急救援的设备、设施、条件和环境，行动的步骤和纲领，控制事故发展的方法和程序等，预先做出的科学而有效的计划和安排。

应急预案可以分为企业预案和政府预案两类，企业预案由企业根据自身情况制订，由企业负责；政府预案由政府组织制定，由相应级别的政府负责。根据事故影响范围不同可以将预案分为现场预案和场外预案两种，现场预案又可以分为不同等级，如车间级、工厂级等；而场外预案按事故影响范围的不同，又可以分为区县级、地市级、省级、区域级和国家级。

应急预案还可以按照行业来分，比如信息安全应急预案就是有效应对信息安全突发事件的有效措施。

4. 我国应急预案标准体系

国家应急预案：

（1）国家自然灾害救助应急预案

（2）国家防汛抗旱应急预案

（3）国家地震应急预案

（4）国家突发地质灾害应急预案

（5）国家处置重、特大森林火灾应急预案

（6）国家安全生产事故灾难应急预案

（7）国家处置铁路行车事故应急预案

（8）国家处置民用航空器飞行事故应急预案

（9）国家海上搜救应急预案

（10）国家处置城市地铁事故灾难应急预案

（11）国家处置电网大面积停电事件应急预案

（12）国家核应急预案

（13）国家突发环境事件应急预案

（14）国家通信保障应急预案

（15）国家突发公共卫生事件应急预案

（16）国家突发公共事件医疗卫生救援应急预案

（17）国家突发重大动物疫情应急预案

（18）国家重大食品安全事故应急预案

（19）国家粮食应急预案

（20）国家金融突发事件应急预案

（21）国家涉外突发事件应急预案

国务院部门应急预案：

部门应急预案是国务院有关部门根据总体应急预案、专项应急预案和部门职责为应对突发公共事件制定的预案。

（1）建设系统破坏性地震应急预案

（2）铁路防洪应急预案

（3）铁路破坏性地震应急预案

（4）铁路地质灾害应急预案

（5）农业重大自然灾害突发事件应急预案

（6）草原火灾应急预案

（7）农业重大有害生物及外来生物入侵突发事件应急预案

（8）农业转基因生物安全突发事件应急预案

（9）重大沙尘暴灾害应急预案

（10）重大外来林业有害生物应急预案

（11）重大气象灾害预警应急预案

（12）风暴潮、海啸、海冰灾害应急预案

（13）赤潮灾害应急预案

（14）三峡葛洲坝梯级枢纽破坏性地震应急预案

（15）中国红十字总会自然灾害等突发公共事件应急预案

（16）国防科技工业重特大生产安全事故应急预案

（17）建设工程重大质量安全事故应急预案

（18）城市供气系统重大事故应急预案

（19）城市供水系统重大事故应急预案

（20）城市桥梁重大事故应急预案

（21）铁路交通伤亡事故应急预案

（22）铁路火灾事故应急预案

（23）铁路危险化学品运输事故应急预案

（24）铁路网络与信息安全事故应急预案

（25）水路交通突发公共事件应急预案

（26）公路交通突发公共事件应急预案

（27）互联网网络安全应急预案

（28）渔业船舶水上安全突发事件应急预案

（29）农业环境污染突发事件应急预案

（30）特种设备特大事故应急预案

（31）重大林业生态破坏事故应急预案

（32）矿山事故灾难应急预案

（33）危险化学品事故灾难应急预案

（34）陆上石油天然气开采事故灾难应急预案

（35）陆上石油天然气储运事故灾难应急预案

（36）海洋石油天然气作业事故灾难应急预案

（37）海洋石油勘探开发溢油事故应急预案

（38）国家医药储备应急预案

（39）铁路突发公共卫生事件应急预案

（40）水生动物疫病应急预案

（41）进出境重大动物疫情应急处置预案

（42）突发公共卫生事件民用航空器应急控制预案

（43）药品和医疗器械突发性群体不良事件应急预案

（44）国家发展改革委综合应急预案

（45）煤电油运综合协调应急预案

（46）国家物资储备应急预案

（47）教育系统突发公共事件应急预案

（48）司法行政系统突发事件应急预案

（49）生活必需品市场供应突发事件应急预案

（50）公共文化场所和文化活动突发事件应急预案

（51）海关系统突发公共事件应急预案

（52）工商行政管理系统市场监管应急预案

（53）大型体育赛事及群众体育活动突发公共事件应急预案

（54）旅游突发公共事件应急预案

（55）新华社突发公共事件新闻报道应急预案

（56）外汇管理突发事件应急预案

（57）人感染高致病性禽流感应急预案

二、事故管理

（一）事故调查和报告

1. 事故等级划分

按照《安全生产事故报告和调查处理条例》（2007 年 6 月 1 日起施行），

事故等级如下：

（1）特别重大事故

特别重大事故是指造成30人以上死亡，或者100人以上重伤（包括急性工业中毒，下同），或者1亿元以上直接经济损失的事故；

（2）重大事故

重大事故是指造成10人以上30人以下死亡，或者50人以上100人以下重伤，或者5000万元以上1亿元以下直接经济损失的事故；

（3）较大事故

较大事故是指造成3人以上10人以下死亡，或者10人以上50人以下重伤，或者1000万元以上5000万元以下直接经济损失的事故；

（4）一般事故

一般事故是指造成3人以下死亡，或者10人以下重伤，或者1000万元以下直接经济损失的事故。

2. 事故调查

事故发生后认真检查、确定起因、明确责任，并采取措施避免事故的再次发生，这一过程即为“事故调查”。

事故调查处理应当坚持实事求是、尊重科学的原则，及时、准确地查清事故经过、事故原因和事故损失，查明事故性质，认定事故责任，总结事故教训，提出整改措施，并对事故责任者依法追究相应责任。

事故发生地有关地方人民政府应当支持、配合上级人民政府或者有关部门的事故调查处理工作，并提供必要的便利条件。参加事故调查处理的部门和单位应当互相配合，提高事故调查处理工作的效率。工会依法参加事故调查处理，有权向有关部门提出处理意见。任何单位和个人不得阻挠和干涉对事故的报告和依法调查处理。

特别重大事故由国务院或者国务院授权有关部门组织事故调查组进行调查。

重大事故、较大事故、一般事故分别由事故发生地省级人民政府、设区的市级人民政府、县级人民政府负责调查。省级人民政府、设区的市级人民政府、县级人民政府可以直接组织事故调查组进行调查，也可以授权或者委托有关部门组织事故调查组进行调查。

未造成人员伤亡的一般事故，县级人民政府也可以委托事故发生单位组织事故调查组进行调查。

3. 事故报告

事故发生后，事故现场有关人员应当立即向本单位负责人报告；单位负责人接到报告后，应当于 1 小时内向事故发生地县级以上人民政府安全生产监督管理部门和负有安全生产监督管理职责的有关部门报告。

情况紧急时，事故现场有关人员可以直接向事故发生地县级以上人民政府安全生产监督管理部门和负有安全生产监督管理职责的有关部门报告。安全生产监督管理部门和负有安全生产监督管理职责的有关部门接到事故报告后，应当依照下列规定上报事故情况，并通知公安机关、劳动保障行政部门、工会和人民检察院。

特别重大事故、重大事故逐级上报至国务院安全生产监督管理部门和负有安全生产监督管理职责的有关部门；较大事故逐级上报至省、自治区、直辖市人民政府安全生产监督管理部门和负有安全生产监督管理职责的有关部门；一般事故上报至设区的市级人民政府安全生产监督管理部门和负有安全生产监督管理职责的有关部门。

安全生产监督管理部门和负有安全生产监督管理职责的有关部门依照前款规定上报事故情况，应当同时报告本级人民政府。国务院安全生产监督管理部门和负有安全生产监督管理职责的有关部门以及省级人民政府接到发生特别重大事故、重大事故的报告后，应当立即报告国务院。必要时，安全生产监督管理部门和负有安全生产监督管理职责的有关部门可以越级上报事故情况。

报告事故应当包括下列内容：

①事故发生单位概况；

②事故发生的时间、地点以及事故现场情况；

③事故的简要经过；

④事故已经造成或者可能造成的伤亡人数（包括下落不明的人数）和初步估计的直接经济损失；

⑤已经采取的措施；

⑥其他应当报告的情况。

（二）事故预防

构建安全风险分级管控和隐患排查治理双重预防机制（以下简称“双重预防机制”），是遏制重特大事故的重要举措。

1. 全面开展安全风险辨识

各类企业按照有关制度和规范，针对本企业类型和特点，制定科学的安全风险辨识程序和方法，全面开展安全风险辨识。企业要组织专家和全体员工，采取安全绩效奖惩等有效措施，全方位、全过程辨识生产工艺、设备设施、作业环境、人员行为和管理体系等方面存在的安全风险，做到系统、全面、无遗漏，并持续更新完善。

2. 科学评定安全风险等级

企业要对辨识出的安全风险进行分类梳理，参照GB 6441—1986《企业职工伤亡事故分类》，综合考虑起因物、引起事故的诱导性原因、致害物、伤害方式等，确定安全风险类别。对不同类别的安全风险，采用相应的风险评估方法确定安全风险等级。安全风险评估过程要突出遏制重特大事故，高度关注暴露人群，聚焦重大危险源、劳动密集型场所、高危作业工序和受影响的人群规模。安全风险等级从高到低划分为重大风险、较大风险、一般风险和低风险，分别用红、橙、黄、蓝四种颜色进行标示。其中，重大安全风险应填写清单、汇总造册，按照职责范围报告属地负有安全生产监督管理职责的部门。要依据安全风险类别和等级建立企业安全风险数据库，绘制企业“红橙黄蓝”四色安全风险空间分布图。

3. 有效管控安全风险

企业要根据风险评估的结果，针对安全风险特点，从组织、制度、技术、应急等方面对安全风险进行有效管控。要通过隔离危险源、采取技术手段、实施个体防护、设置监控设施等措施，达到回避、降低和监测风险的目的。要对安全风险分级、分层、分类、分专业进行管理，逐一落实企业、车间、班组和岗位的管控责任，尤其要强化对重大危险源和存在重大安全风险的生产经营系统、生产区域、岗位的重点管控。企业要高度关注安全生产运营状况和危险源变化后的风险状况，动态评估、调整风险等级和管控措施，确保安全风险始终处于受控范围内。

4. 实施安全风险公告警示

企业要建立完善安全风险公告制度，并加强风险教育和技能培训，确保管理层和每名员工都掌握安全风险的基本情况和防范、应急措施。要在醒目位置和重点区域分别设置安全风险公告栏，制作岗位安全风险告知卡，标明主要安全风险、可能引发事故隐患类别、事故后果、管控措施、应急措施及报告方式等内容。对存在重大安全风险的工作场所和岗位，要设置明显警示标志，并强化危险源监测和预警。

5. 建立完善隐患排查治理体系

风险管控措施失效或弱化极易形成隐患，酿成事故。企业要建立完善隐患排查治理制度，制定符合企业实际的隐患排查治理清单，明确和细化隐患排查的事项、内容和频次，并将责任逐一分解落实，推动全员参与自主排查隐患，尤其要强化对存在重大风险的场所、环节、部位的隐患排查。要通过与政府部门互联互通的隐患排查治理信息系统，全过程记录报告隐患排查治理情况。对于排查发现的重大事故隐患，应当在向负有安全生产监督管理职责的部门报告的同时，制订并实施严格的隐患治理方案，做到责任、措施、资金、时限和预案“五落实”，实现隐患排查治理的闭环管理。事故隐患整治过程中无法保证安全的，应停产停业或者停止使用相关设施设备，及时撤出相关作业人员，必要时向当地人民政府提出申请，配合疏散可能受到影响的周边人员。

（三）开展问题分析及原因查找的工具方法

运用水平“5W”做好安全管理策划；运用垂直“5W”进行安全问题的

刨根问源，找出根原因，实现对安全问题的有效的标本兼治。实施类似质量问题“双五条归零”在安全管理上的应用。

1. 水平“5W”

在调查研究的基础上，进行安全措施或方案制订时，就其为何做（Why）、做什么/工作内容（What）、谁来做/责任人（Who）、在哪里做（环节/环境）（Where）、何时做（When），以及怎样做（How）进行梳理和书面描述，便于沟通和指导完成安全工作任务及目标。

2. 垂直“5W”

对出现的安全问题，连续追问5个（层）为什么，层层剥开问题的原因，追查产生问题的根源，以确保针对问题的整改不停留在具体问题和浅表，而要消除问题根源，切实预防类似问题再次发生。通过垂直“5W”溯源，绝大多数安全问题都能够找到策划、设计和管理上的原因。

（四）事故隐患报告

事故隐患排查和治理的重要意义：建立安全生产事故隐患排查治理长效机制，强化安全生产主体责任，加强事故隐患监督管理，防止事故发生，保障人民生命财产安全。

《安全生产事故隐患排查治理暂行规定》第三条指出，本规定所称安全生产事故隐患（以下简称“事故隐患”），是指生产经营单位违反安全生产法律、法规、规章、标准、规程和安全生产管理制度的规定，或者因其他因素在生产经营活动中存在可能导致事故发生的物的危险状态、人的不安全行为和管理上的缺陷。

事故隐患分为一般事故隐患和重大事故隐患两类。一般事故隐患，是指危害和整改难度较小，发现后能够立即整改排除的隐患。重大事故隐患，是指危害和整改难度较大，应当全部或者局部停产停业，并经过一定时间整改治理方能排除的隐患，或者因外部因素影响致使生产经营单位自身难以排除的隐患。重大事故隐患分一、二、三级。

根据安监总局令第16号《安全生产事故隐患排查治理暂行规定》第一章

第三条的规定：

一般事故隐患，是指危害和整改难度较小，发现后能够立即整改排除的隐患。

一级重大事故隐患是指可能造成 30 人以上（含 30 人，下同）死亡，或者 100 人以上重伤，或者 1 亿元以上直接经济损失，或可能造成重大社会影响，后果特别严重，需全部停产停业整治，且整改难度很大的事故隐患。

二级重大事故隐患是指可能造成 10 人以上 30 人以下死亡，或者 50 人以上 100 人以下重伤，或者 5000 万元以上 1 亿元以下直接经济损失，且整改难度很大，需全部停产停业，经过一段时间整改治理方能排除的隐患，或者因外部因素影响致使生产经营单位自身难以排除的隐患。

三级重大事故隐患是指可能造成 10 人以下死亡，或者 10 人以上 50 人以下重伤（包括急性工业中毒，下同），或者 1000 万元以上 5000 万元以下直接经济损失，且整改难度较大，需局部停产停业，经过一定时间整改治理方能排除的隐患。

企业应对风险评价出的隐患项目，下达隐患治理通知，限期治理，做到定治理措施、定负责人、定资金来源、定治理期限。企业应建立隐患治理台账。

企业应对确定的重大隐患项目建立档案，档案内容应包括：

①评价报告与技术结论；

②评审意见；

③隐患治理方案，包括资金概预算情况等；

④治理时间表和责任人；

⑤竣工验收报告。

企业无力解决的重大事故隐患，除采取有效防范措施外，应书面向企业直接主管部门和当地政府报告。

企业对不具备整改条件的重大事故隐患，必须采取防范措施，并纳入计划，限期解决或停产。

重大隐患的治理，应当做到“五到位”，即整改措施到位、资金到位、期限到位、责任人到位、应急预案到位，及时排查治理安全隐患。企业要经常性开展安全隐患排查，并切实做到“五到位”。建立以安全生产专业人员为主导的隐患整改效果评价制度，确保整改到位。对隐患整改不力造成事故的，要依法追究企业和企业相关负责人的责任。停产整改逾期未完成的，不得复产。

安全隐患排查治理要达到四个目标：第一，全面排查安全生产基本条件、基础设施、技术装备以及思想认识、工作作风、规章制度等方面存在的问题、隐患，真正做到底子清、情况明；第二，狠抓隐患整改工作，对发现的问题和隐患，逐一落实责任领导、责任部门、责任人，制定措施，限期整改；第三，进一步深化重点领域安全专项整治，坚决防范重特大生产安全事故的发生；第四，建立健全事故隐患分级治理的良性长效机制，夯实安全生产监管工作的基础。

三、典型事故及应急救援案例

每一次应急救援都体现了应急管理的科学化、专业化、智能化、精细化水平，对各类突发灾害事故公布其应急救援的典型案例，总结应急救援和现场处置的成功经验，可以督促各地各部门认真吸取各类灾害事故教训。

（一）火灾爆炸应急案例

1. 危险化学品火灾爆炸案例

①2019 年 8 月 6 日，位于××生化科技股份有限公司的成品仓库发生火灾。爆燃的蘑菇云几公里外可见，厂区员工和周边群众 400 多人连夜疏散。当地应急管理局快速反应，调动了 100 多名消防人员、20 多台消防车参与灭火，消防人员快速切断火路，将火情控制在成品仓库范围内，经过 8 个小时的努力将明火扑灭。

主要原因：一是夏季温度升高使危险化学品体积压力增大。高温下易燃液体的膨胀系数普遍较大，储存在密闭容器中，受热后体积容易膨胀，同时蒸气压增大，使容器内压力增大。容器内压力若超过了容器所能承受的压力，就会造成容器故障，甚至炸裂。如果容器是敞口，液体膨胀超过其容量就会外溢，出现跑、冒、滴、漏现象。二是气体的膨胀系数更大。气体一般都是装在钢瓶里的，随着温度的升高，钢瓶内的压力就会增大。压力过高，钢瓶就有爆炸的危险。三是温度升高使液体的蒸发速度加快。温度越高，易燃液体蒸发得就越快，液面上蒸气浓度越高，蒸气与空气形成爆炸性混合气体的可能性就越大，火灾爆炸的危险性就越大。如果环境温度超过其沸点，很容易发生危险。四是温度升高加速氧化分解和自燃。受温度、湿度等的影响，许多危险化学品受热后容易分解，释放出氧气甚至氧原子，使其他物质氧化，同时放出大量的热。如果通风不良，热量积聚不散，致使温度升高，又会加快化学品的氧化速度，产生更多的热，促使温度继续升高，当温度达到其自燃点时，就会自燃。

②压力容器爆炸案例。2019 年 7 月 19 日，××公司空分装置发生重大爆炸事故，共造成 15 人死亡，16 人重伤，爆炸产生的冲击波导致周围群众 175 人轻伤，直接经济损失 8170. 008 万元。发生原因是，事故企业 C 套空分装置冷箱发生泄漏没有及时处置，富氧液体泄漏至珠光砂中，使碳钢冷箱构件发生低温脆裂，导致冷箱失稳坍塌，冷箱及铝质设备倒向东偏北方向，砸裂东侧 500 立方米液氧储槽，大量液氧迅速外泄到周边正在装车的液氧运输车辆发生第一次爆炸，随后铝质填料、筛板等在富氧环境下发生第二次爆炸。

主要教训：一是事故企业重生产轻安全，安全红线意识不强。不遵守企业技术操作规程，装置出现隐患没有及时处置；设备专业管理存在重大缺陷，备用空分设备管理不善，需要启用时无法启动；安全管理制度不落实，未按要求履行隐患排查责任。二是该公司安全生产主体责任落实不到位。停车检修制度不落实，未按规定督促气化厂及时停车检修，治理安全隐患。三是该公司安全意识不强，制度建设存在重大缺陷，安全管理存在重大漏洞。四是事发地党委政府和有关部门属地安全监管责任落实不到位，督促事故企业开展防风险除隐患工作不力。

③2019 年 12 月 4 日，××烟花制造有限公司发生爆炸事故，造成 13 人死亡、13 人受伤住院治疗。发生原因是，爆炸发生在石下工区包装作业区域，事发时大量工人正在 11、12、13 号包装工房（危险等级为 1. 3 级）进行包装作业。据视频和技术分析，引发事故的直接原因是，工人搬运半成品时，半成品与盛装工具摩擦着火，继而引发包装工房内堆放的成品、半成品燃烧、

爆炸。由于产品超大规格、超大药量（超 GB 10631—2013《烟花爆竹　安全与质量》规定的爆竹最大允许药量 20 倍以上），成品、半成品整体爆炸，且作业现场严重超人员、超药量，导致群死群伤。

主要教训：一是企业存在多股东各自组织生产、分包转包生产工位、超许可范围生产违禁产品、作业现场超核定药量和人员等严重违法违规问题。二是企业长期以出口为名生产不符合我国强制性国家标准的超标违禁产品，出口环节安全监管存在漏洞，超标违禁产品出口"一路绿灯"。三是事故发生后，当地隐瞒死亡人数，性质恶劣，影响极坏。四是属地安全监管责任不落实，未能及时发现并制止企业违法违规行为。

2. 危险化学品的应急救援

危险化学品容易发生火灾、爆炸事故，但不同的化学品及在不同情况下发生火灾时，其扑救方法差异很大；若处置不当，不仅不能有效扑灭火灾，反而会使灾情进一步扩大。此外，由于化学品本身及其燃烧产物大多具有较强的毒害性和腐蚀性，极易造成人员中毒、灼伤。因此，扑救危险化学品火灾是一项极其重要而又非常危险的工作。

（1）灭火对策

1）扑救初期火灾

①迅速关闭火灾部位的上下游阀门，切断进入火灾事故地点的一切物料；

②在火灾尚未扩大到不可控制之前，应使用移动式灭火器，或现场其他各种消防设备、器材，扑灭初期火灾和控制火源。

2）采取保护措施

为防止火灾危及相邻设施，可采取以下保护措施：

①对周围设施及时采取冷却保护措施；

②迅速疏散受火势威胁的物资；

③有的火灾可能造成易燃液体外流，这时可用沙袋或其他材料筑堤拦截飘散流淌的液体，或挖沟导流将物料导向安全地点；

④用毛毡、海草帘堵住下水井、窨井口等处，防止火焰蔓延。

3）火灾扑救

扑救危险化学品火灾绝不可盲目行动，应针对每一类化学品，选择正确的灭火剂和灭火方法来安全地控制火灾。化学品火灾的扑救应由专业消防队实施，其他人员不可盲目行动，待消防队到达后，介绍物料介质，配合扑救。

（2）扑救压缩或液化气体火灾的基本对策

压缩或液化气体总是被储存在不同的容器内，或通过管道输送。其中储存在较小钢瓶内的气体压力较高，受热或受火焰熏烤容易发生爆裂。气体泄漏后遇火源已形成稳定燃烧时，其发生爆炸或再次爆炸的危险性与可燃气体泄漏未燃时相比要小得多。遇压缩或液化气体火灾一般应采取以下基本对策。

①扑救气体火灾切忌盲目扑灭火势，在没有采取堵漏措施的情况下，必须保持稳定燃烧。否则，大量可燃气体泄漏出来与空气混合，遇有火源就会发生爆炸，后果将不堪设想。

②首先应扑灭外围被火源引燃的可燃物火势，切断火势蔓延途径，控制燃烧范围，并积极抢救受伤和被困人员。

③如果火势中有压力容器或有受到火焰辐射热威胁的压力容器，能疏散的应尽量在消防水枪的掩护下疏散到安全地带，不能疏散的应部署足够的消防水枪进行冷却保护。为防止容器爆裂伤人，进行冷却的人员应尽量采用低姿射水或利用现场坚实的掩蔽体防护。对卧式储罐，冷却人员应选择储罐四侧角作为射水阵地。

④如果是输气管道泄漏着火，应设法找到气源阀门。阀门完好时，只要关闭气体的进出阀门，火势就会自动熄灭。

⑤储罐或管道泄漏关阀无效时，应根据火势判断气体压力和泄漏口的大小及其形状，准备好相应的堵漏材料（如软木塞、橡皮塞、气囊塞、黏合剂、弯管工具等）。

⑥堵漏工作准备就绪后，可用水扑救火势，也可用干粉、二氧化碳、卤代烷灭火，但仍需用水冷却烧烫的罐或管壁。火扑灭后，应立即用堵漏材料堵漏，同时用雾状水稀释和驱散泄漏出来的气体。如果确认泄漏口非常大，根本无法堵漏，只需冷却着火容器及其周围容器和可燃物品，控制着火范围，直到燃气燃尽，火势自动熄灭。

⑦现场指挥应密切注意各种危险征兆，遇有火势熄灭后较长时间未能恢

复稳定燃烧或受热辐射的容器安全阀火焰变亮耀眼、异常声响、晃动等爆裂征兆时，指挥员必须适时作出准确判断，及时下达撤退命令。现场人员看到或听到事先规定的撤退信号后，应迅速撤退至安全地带。

(3) 扑救易燃液体的基本对策

易燃液体通常是储存在容器内或管道输送。与气体不同的是，液体容器有的密闭，有的敞开，一般都是常压，只有反应锅（炉、釜）及输送管道内的液体压力较高。液体不管是否着火，如果发生泄漏或溢出，都将顺着地面（或水面）漂散流淌，而且易燃液体还有密度和水溶性等涉及能否用水和普通泡沫扑救的问题，以及危险性很大的沸溢和喷溅问题，因此扑救易燃液体火灾往往也是一场艰难的战斗。遇易燃液体火灾，一般应采用以下基本对策。

①首先应切断火势蔓延的途径，冷却和疏散受火势威胁的压力及密闭容器和可燃物，控制燃烧范围，并积极抢救受伤和被困人员。如有液体流淌时，应筑堤（或用围油栏）拦截漂散流淌的易燃液体或挖沟导流。

②及时了解和掌握着火液体的品名、密度、水溶性，以及有无毒害、腐蚀、沸溢、喷溅等危险性，以便采取相应的灭火和防护措施。

③对较大的储罐或流淌火灾，应准确判断着火面积。

④小面积（一般50平方米以内）液体火灾，一般可用雾状水扑灭。用泡沫、干粉、二氧化碳、卤代烷（1211，1301）灭火一般更有效。

⑤大面积液体火灾则必须根据其相对密度、水溶性和燃烧面积大小，选择正确的灭火剂扑救。

⑥比水比重轻又不溶于水的液体（如汽油、苯等），用直流水、雾状水灭火往往无效。可用普通蛋白泡沫剂或轻水泡沫剂灭火。用干粉、卤代烷扑救时，灭火效果要视燃烧面积大小和燃烧条件而定，最好用水冷却罐壁。

⑦比水比重重又不溶于水的液体（如二氧化碳）起火时可用水扑救，水能覆盖在液面上灭火，用泡沫剂也有效。干粉、卤代烷扑救，灭火效果要视燃烧面积大小和燃烧条件而定，最好用水冷却罐壁。

⑧具有水溶性的液体（如醇类、酮类等），虽然从理论上讲能用水稀释扑救，但用此法要使液体闪点消失，水必须在溶液中占很大的比例。这不仅需

要大量的水，也容易使液体溢出流淌，而普通泡沫剂又会受到水溶性液体的破坏（如果普通泡沫剂强度加大，可以减弱火势），因此最好用抗溶性泡沫剂扑救。用干粉或卤代烷扑救时，灭火效果要视燃烧面积大小和燃烧条件而定，也需用水冷却罐壁。

⑨扑救毒害性、腐蚀性或燃烧产物毒害性较强的易燃液体火灾，扑救人员必须佩戴防护面具，采取防护措施。

⑩扑救原油和重油等具有沸溢和喷溅危险的液体火灾，如有条件，可采用取放水、搅拌等防止发生沸溢和喷溅的措施，在灭火的同时必须注意计算可能发生沸溢、喷溅的时间和观察是否有沸溢、喷溅的征兆。指挥员发现危险征兆时应迅速作出准确判断，及时下达撤退命令，避免造成人员伤亡和装备损失。扑救人员看到或听到统一撤退信号后，应立即撤至安全地带。

⑪遇易燃液体管道或贮罐泄漏着火，在切断蔓延把火势限制在一定范围内的同时，应设法找到输送管道并关闭进、出阀门；如果管道阀门已损坏或是储罐泄漏，应迅速准备好堵漏材料，先用泡沫、干粉、二氧化碳灭火剂或雾状水等扑灭地上的流淌火焰，为堵漏扫清障碍，然后再扑灭泄漏口的火焰，并迅速采取堵漏措施。与气体堵漏不同的是，液体一次堵漏失败，可连续堵几次，只要用泡沫覆盖地面，并堵住液体流淌和控制好周围的火源，不必点燃泄漏口的液体。

（4）扑救爆炸物品火灾的基本对策

爆炸物品一般都有专门或临时的储存仓库。这类物品由于内部结构含有爆炸性成分，受摩擦、撞击、振动、高温等外界因素激发，极易发生爆炸，遇明火则更危险。遇爆炸物品火灾时，一般应采取以下基本对策。

①迅速判断和查明再次发生爆炸的可能性和危险性，紧紧抓住爆炸后和再次发生爆炸之前的有利时机，采取一切可能的措施，全力制止再次爆炸的发生。

②切忌用沙土盖压，以免增强爆炸物品爆炸时的威力。

③如果有疏散可能，在人身安全确有可靠保障的条件下，应立即组织力量及时疏散着火区域周围的爆炸物品，使着火区周围形成一个隔离带。

④扑救爆炸物品堆垛时，水流应采用吊射，避免强力水流直接冲击堆垛，以免堆垛倒塌引起再次爆炸。

⑤灭火人员应尽量利用现场的掩蔽体或尽量采用卧姿等低姿射水，尽可能地采取自我保护措施。消防车辆不要停靠离爆炸物品太近的水源。

⑥灭火人员发现有发生再次爆炸的危险时，应立即向现场指挥员报告，现场指挥员应迅即做出准确判断，确有发生再次爆炸征兆或危险时，应立即下达撤退命令。灭火人员看到或听到撤退信号后，应迅速撤至安全地带；来不及撤退时，应就地卧倒防护。

（5）扑救遇湿易燃物品火灾的基本对策

遇湿易燃物品能与潮湿和水发生化学反应，产生可燃气体和热量，有时即使没有明火也能自动着火或爆炸，如金属钾、钠及三乙基铝（液态）等。因此，这类物品有一定数量时，绝对禁止用水、泡沫、酸碱灭火器等湿性灭火剂扑救。这类物品的这一特殊性会给火灾的扑救带来很大的困难。

通常情况下，遇湿易燃物品由于其发生火灾时的灭火措施特殊，在储存时要求分库或隔离分堆单独储存，但在实际操作中有时往往很难完全做到，尤其是在生产和运输过程中更难以做到，如铝制品厂往往遍地积有铝粉。对包装坚固、封口严密、数量又少的遇湿易燃物品，在储存规定上允许同室分堆或同柜分格储存。这就给火灾扑救工作带来了更大的困难，灭火人员在扑救中应谨慎处置。对遇湿易燃物品火灾一般采取以下基本对策。

①首先应了解清楚遇湿易燃物品的品名、数量，是否与其他物品混存，燃烧范围，火势蔓延途径。

②如果只有极少量（一般50克以内）遇湿易燃物品，则不管是否与其他物品混存，仍可用大量的水或泡沫扑救。水或泡沫刚接触着火点时，短时间内可能会使火势增大，但少量遇湿易燃物品燃尽后，火势很快就会熄灭或减小。

③如果遇湿易燃物品数量较多，且未与其他物品混存，则绝对禁止用水或泡沫、酸碱等湿性灭火剂扑救。遇湿易燃物品应用干粉、二氧化碳、卤代烷灭火剂扑救，只有金属钾、钠、铝、镁等个别物品用二氧化碳、卤代烷灭

火剂无效。固体遇湿易燃物品应用水泥、干沙、干粉、硅藻土和蛭石等覆盖。水泥是扑救固体遇湿易燃物品火灾比较容易得到的灭火剂。对遇湿易燃物品中的粉尘如镁粉、铝粉等，切忌喷射有压力的灭火剂，以防止将粉尘吹扬起来，与空气形成爆炸性混合物而导致爆炸。

④如果有较多的遇湿易燃物品与其他物品混存，则应先查明是哪类物品着火，遇湿易燃物品的包装是否损坏。可先用开关水枪向着火点吊射少量的水进行试探，如未见火势明显增大，证明遇湿物品尚未着火，包装也未损坏，应立即用大量水或泡沫扑救，扑灭火势后立即组织力量将淋过水或仍在潮湿区域的遇湿易燃物品疏散到安全地带分散开来。如射水试探后火势明显增大，则证明遇湿易燃物品已经着火或包装已经损坏，应禁止用水、泡沫、酸碱灭火器扑救。若是液体，应用干粉等灭火剂扑救；若是固体，应用水泥、干沙等覆盖；如遇钾、钠、铝、镁轻金属发生火灾，最好用石墨粉、氯化钠及专用的轻金属灭火剂扑救。

⑤如果其他物品火灾威胁到相邻的较多遇湿易燃物品，应先用油布或塑料膜等其他防水布将遇湿易燃物品遮盖，然后再在上面盖上棉被并淋上水。如果遇湿易燃物品堆放处地势不太高，可在其周围用土筑一道防水堤。在用水或泡沫扑救火灾时，对相邻的遇湿易燃物品应留一定的力量监护。

由于遇湿易燃物品性能特殊，又不能用常用的水和泡沫灭火剂扑救，从事这类物品生产、经营、储存、运输、使用的人员及消防人员平时应了解和熟悉其品名和主要危险特性。

(6) 扑救毒害品、腐蚀品火灾的基本对策

毒害品和腐蚀品对人体都有一定危害。毒害品主要经口或吸入蒸气或通过皮肤接触引起人体中毒的。腐蚀品是通过皮肤接触使人体形成化学灼伤。毒害品、腐蚀品有些本身能燃烧，有的本身并不能燃烧，但与其他可燃物品接触后能燃烧。这类物品发生火灾一般应采取以下基本对策。

①灭火人员必须穿防护服，佩戴防护面具。一般情况下采取全身防护即可，对有特殊要求的物品火灾，应使用专用防护服。考虑到过滤式防毒面具防毒范围的局限性，在扑救毒害品火灾时应尽量使用隔绝式氧气或空气面具。

为了在火场上能正确使用和适应，平时应进行严格的适应性训练。

②积极抢救受伤和被困人员，限制燃烧范围。毒害品、腐蚀品火灾极易造成人员伤亡，灭火人员在采取防护措施后，应立即投入寻找和抢救受伤、被困人员，并努力控制燃烧范围。

③扑救时应尽量使用低压水流或雾状水，避免腐蚀品、毒害品溅出。遇酸类或碱类腐蚀品最好调制相应的中和剂稀释中和。

④遇毒害品、腐蚀品容器泄漏，在扑灭火势后应采取堵漏措施。腐蚀品需用防腐材料堵漏。

⑤浓硫酸遇水能放出大量的热，会导致沸腾飞溅，需特别注意防护。扑救浓硫酸与其他可燃物品接触发生的火灾，浓硫酸数量不多时，可用大量低压水快速扑救。如果浓硫酸量很大，应先用二氧化碳、干粉、卤代烷等灭火剂灭火，然后再把燃烧物品与浓硫酸分开。

（7）扑救易燃固体、易燃物品火灾的基本对策

易燃固体、易燃物品一般都可用水或泡沫扑救，相对于其他种类的化学危险物品而言是比较容易扑救的，只要控制住燃烧范围，逐步扑灭即可。但也有少数易燃固体、自燃物品的扑救方法比较特殊，如2,4-二硝基苯甲醚、二硝基萘、萘、黄磷等。

①2,4-二硝基苯甲醚、二硝基萘、萘等是能升华的易燃固体，受热发出易燃蒸气。火灾时可用雾状水、泡沫灭火剂扑救并切断火势蔓延途径。但应注意，不能以为明火焰扑灭即已完成灭火工作，因为受热以后升华的易燃蒸气能在不知不觉中飘逸，在上层遇空气能形成爆炸性混合物，尤其是在室内，易发生爆燃。因此，扑救这类物品火灾不能被假象所迷惑。在扑救过程中应不时向燃烧区域上空及周围喷射雾状水，并用水浇灭燃烧区域及其周围的火源。

②黄磷是自燃点很低、在空气中能很快氧化升温并自燃的自燃物品。遇黄磷火灾时，首先应切断火势蔓延途径，控制燃烧范围。对着火的黄磷应用低压水或雾状水扑救。高压直流水冲击能引起黄磷飞溅，导致灾害扩大。黄磷熔融液体流淌时应用泥土、沙袋等筑堤拦截并用雾状水冷却，对磷块和冷

却后已固化的黄磷，应用钳子钳入储水容器中。来不及钳入容器时可先用沙土掩盖，但应做好标记，等火势扑灭后，再逐步集中到储水容器中。

③少数易燃固体和自燃物品不能用水和泡沫灭火剂扑救，如三硫化二磷、铝粉、烷基铝、保险粉等，应根据具体情况分别处理，宜选用干沙和不用压力喷射的干粉扑救。

（二）机械伤害案例

1. 机械伤害的典型案例

机械伤害主要指机械设备运动（静止）部件、工具、加工件直接与人体接触引起的夹击、碰撞、剪切、卷入、绞、碾、割、刺等形式的伤害。各类转动机械的外露传动部分（如齿轮、轴、履带等）和往复运动部分都有可能对人体造成机械伤害。

2019 年 4 月 25 日，××工地发生一起施工升降机轿厢（吊笼）坠落的重大事故，造成 11 人死亡、2 人受伤，直接经济损失约 1800 万元。发生原因是，事故施工升降机在安装过程中，第 16、17 节标准节连接位置西侧的两根螺栓未安装，第 17 节以上的标准节不具有抵抗侧向倾翻的能力，形成重大事故隐患。事故施工升降机安装完毕后，未按规定进行自检、调试、试运转，未组织验收即违规投入使用，最终导致事故发生。

主要教训：一是施工单位项目主要负责人系挂靠人员，实际上不在现场执业，施工现场以包代管，安全管理混乱。二是专项施工方案内容不完整且与事故施工升降机机型不符，不能指导安装作业，安装前未按规定进行安全技术交底，安装过程中未安排专职安全员进行现场监督。三是施工单位未组织验收即违规投入使用，在收到停止违规使用的监理通知后，仍不整改，继续使用。四是政府及相关监管部门对施工现场存在的明显违法违规行为整治不力，安全监管流于形式。

2. 机械伤害应急措施

①发生机械伤害后，现场负责人应立即报告应急救援部门，应急指挥部门呼叫 120 救护中心与医院取得联系（医院在附近的直接送往医院），应详细说明事故地点、严重程度，并派人到路口接应。在医护人员没有来到之前，

应检查受伤者的伤势、心跳及呼吸情况，视不同情况采取不同的急救措施。

②对被机械伤害的伤员，应迅速小心地使伤员脱离伤源，必要时拆卸机器，移出受伤人员。

③对发生休克的伤员，应首先进行抢救。遇有呼吸骤停、心脏停搏者，可采取人工呼吸或胸外心脏按压法，使其恢复正常。

④对骨折的伤员，应利用木板、竹片和绳索等捆绑骨折处的上下关节，固定骨折部位；也可将其上肢固定在身侧，下肢与下肢缚在一起。

⑤对伤口出血的伤员，应让其以头低脚高的姿势躺卧，使用消毒纱布或清洁织物覆盖伤口上，用绷带较紧地包扎，以压迫止血；或者选择弹性好的橡皮管、橡皮带或三角巾、毛巾、带状布巾等压迫止血。对上肢出血者，在其上臂 1/2 处包扎，对下肢出血者，在其腿上 2/3 处包扎，并每隔 25~40 分钟放松一次，每次放松 0.5~1 分钟。

⑥对剧痛难忍者，应按规定让其服用适量镇痛剂。

采取上述急救措施之后，要根据病情轻重，及时把伤员送往医院治疗。在送往医院的途中，应尽量减少颠簸并密切注意伤员的呼吸、脉搏及伤口等情况。

（三）密闭空间窒息和中毒

1. 密闭空间事故案例

2019 年 4 月 15 日，××公司四车间地下室，在冷媒系统管道改造过程中，发生重大着火中毒事故，造成 10 人死亡、12 人受伤，直接经济损失 1867 万元。发生原因是，该公司在地下室管道改造作业过程中，违规动火作业引燃现场堆放的冷媒增效剂（主要成分是为氧化剂亚硝酸钠，有机物苯并三氮唑、苯甲酸钠），瞬间产生爆燃，放出大量氮氧化物等有毒气体，造成现场施工和监护人员中毒窒息死亡。

主要教训：一是事故企业安全生产主体责任不落实。该公司对动火作业风险辨识不认真，风险管控措施不落实；不了解冷媒增效剂的主要成分，对其危险特性及存在的安全风险认知不够；改造项目管理不严，外包施工队伍管理不到位，事故应急处置能力严重不足。二是负责现场施工的承包商对外派项目部管理严重缺失，对施工人员的教育培训不到位，现场施工人员严重违章。三是冷媒增效剂的供应商非法生产、销售属于危险化学品的冷媒增效剂，未依法提供冷媒增效剂的安全技术说明书（SDS）。四是当地政府有关部门未依法认真履行属地监管职责，特殊作业专项整治工作存在漏洞盲区，对事故责任单位存在的违法违规问题失察。

2. 密闭空间窒息和中毒的应急措施

（1）密闭空间作业职业病危害控制措施

①设置密闭空间警示标志，防止人员未经许可进入。

②进入密闭空间前，进行职业病危害因素识别和评价。

③制订和实施密闭空间职业病危害防护控制计划、密闭空间进入许可程序和安全作业操作规程。

④提供符合要求的监测、通风、通信、个人防护用具和设备，照明、安全进出设施以及应急救援和其他必需设备，并保证所有设施的正常运行和作业人员能够正确使用。

⑤在进入密闭空间作业期间，至少要安排 1 名监护人员在密闭空间外持续进行监护。

⑥指定专人按要求培训作业人员、监护人员和作业负责人。

⑦制定和实施许可进入程序、应急救援程序与呼叫程序，防止非授权人员进行急救。

⑧如果有多个用人单位同时进入同一密闭空间作业，应制定和实施协调作业程序，保证一方用人单位作业人员的作业不会对另一用人单位的作业人员造成安全威胁。

⑨制定和实施进入终止程序。

⑩当按照密闭空间计划所采取的措施不能有效保护作业人员时，应对进入密闭空间作业进行重新评估，并且要修订控制计划。

（2）密闭空间进入许可程序和安全操作规程

①制定允许进入的条件。

②对密闭空间可能存在的职业病危害因素进行检测、评价。

③隔离密闭空间；进入密闭空间作业前，应采取净化、通风等措施，对密闭空间充分清洗。

④设置必要的隔离区域或屏障；保证密闭空间在整个许可期内始终处于安全卫生状态。

（3）密闭空间作业的许可管理

密闭空间作业实施许可应当满足以下条件：

1）配备符合要求的通风设备、个人防护用品、检测设备、照明设备、通信设备、应急救援设备。

2）应用具有报警装置并经检定合格的检测设备对许可的密闭空间进行检测评价。检测顺序及项目应包括：

①测氧含量。正常时氧含量为 18%～22%，缺氧的密闭空间应符合 GB 8958—2006《缺氧危险作业安全规程》的规定，短时间作业时必须采取机械通风。

②测爆。密闭空间空气中可燃性气体浓度应低于爆炸下限的 10%。对油轮船舶的拆修，以及油箱、油罐的检修，空气中可燃性气体的浓度应低于爆炸下限的 1%。

③测有毒气体。有毒气体的浓度，须低于工作场所有害因素职业接触限制所规定的浓度（硫化氢 10 毫克/立方米）要求，应采取机械通风措施。

3）当密闭空间内存在可燃性气体和粉尘时，所使用的器具应达到防爆的要求。

4）当有害物质浓度大于立即威胁人的生命或健康（IDLH）浓度，或虽经通风但有毒气体浓度仍高于工作场所有害因素职业接触限制所规定的浓度（硫化氢 10 毫克/立方米）），或缺氧时（低于 18%），应当按照 GB/T 18664—2002《呼吸防护用品的选择、使用与维护》的要求选择和佩戴呼吸性防护用品。

5）所有作业人员、监护人员、作业负责人、应急救援服务人员须经职业卫生培训考试合格。

第六章

安全知识管理

一、知识管理的兴起

知识管理（Knowledge Management，KM）是网络新经济时代的新兴管理思潮与方法，管理学者彼得·杜拉克早在1965年即预言知识将取代土地、劳动、资本与机器设备，成为最重要的生产因素。伴随20世纪90年代的信息化（资讯化）蓬勃发展，知识管理的观念结合网际网络建构入口网站、数据库以及应用电脑软件系统等工具，成为组织累积知识财富，创造更多竞争力的新世纪利器。

所谓知识管理，指在组织中建构一个人文与技术兼备的知识系统，让组织中的信息与知识，通过获得、创造、分享、整合、记录、存取、更新等过程，达到不断创新的最终目的，并回馈到知识系统内。个人与组织的知识永不间断地累积，从系统的角度进行思考将成为组织的智慧资本。

管理大师德鲁克认为："21世纪的组织，最有价值的资产是组织内的知识工作者和他们的生产力。"在信息时代里，知识已成为最主要的财富来源，而知识工作者就是最有生命力的资产，组织和个人的最重要任务就是对知识进行管理。知识管理将使组织和个人具有更强的竞争实力，并作出更好的决策。在2000年的里斯本欧洲理事会上，知识管理更是被上升到战略的层次："欧洲将用更好的工作和社会凝聚力推动经济发展，在2010年成为全球最具竞争力和最具活力的知识经济实体。”

知识具有以下四个特性，也正是由于这些特性使知识难于被管理：

一是惊人的多次利用率和不断上升的回报。

二是散乱、遗漏和更新的需要。

三是不确定的价值。

四是不确定的利益分成。

知识分为隐性知识（Tacit Knowledge）和显性知识（Explicit Knowledge）。隐性知识是高度个性化而且难于格式化的知识，主观的理解、直觉和预感都属于这一类。比如企业员工的经验。显性知识是能用文字和数字表达出来，容易以硬数据的形式交流和共享，比如编辑整理的程序或者普遍原则。显性知识和隐性知识的区别如表 6-1 所示。

表 6-1 显性知识和隐性知识的区别

	显性知识	隐性知识
定义	是能用文字和数字表达出来的，容易以硬数据的形式交流和共享，比如经编辑整理的程序或者普遍原则	是高度个性而且难于格式化的知识，包括主观的理解、直觉和预感
特点	存在于文档中	存在于人的头脑中
	可编码的（Codified）	不可编码的（Uncodified）
	容易用文字的形式记录	很难用文字的形式记录
	容易转移	难于转移

二、全球化对知识管理的影响

全球化是与区域化、集团化、本土化紧密相关、互相交织，开放的、多元的、动态的发展过程，现已成为世界发展的主要趋势。

（一）全球化的特点

1. 流动性

人才流、物流、信息流、资本流和知识流等在全球涌动、流通和融合。

伴随能源、矿产、原材料等实物性资源的流动，知识、信息、智力资源等无形的“软”资源的高价值逐步体现，资源共享受到高度重视。

2. 开放性

人才流、物流、信息流、资本流和知识流在世界范围内流动广泛，而且不可逆转。不论是发达国家、发展中国家，甚至最落后的国家都会被经济全球化的浪潮打开国门。

3. 渗透性

流动的时空约束减少以及成本降低，发达国家的资本、技术、管理、文化等迅速向发展中国家及落后国家渗透，发展中国家的人才向发达国家流动。跨国公司的销售、生产、资本、人才等在世界范围进行组织和运作，并向全球公司过渡。

4. 共赢性

资本、知识、资源等在全球市场流动并趋向合理配置，有助于不同国家和地区在这些方面互补。同时，不同国家和地区之间的经济、技术、资源的依赖性增强。

5. 风险性

资本、技术、管理的快速流动和思想、文化的渗透，给发展中国家带来程度不一的经济安全、信息安全、科技安全、政治安全等问题。

（二）“互联网+”时代知识管理的重要性

全球化的必然结果是信息资源全球化。进入21世纪以来，随着信息技术的迅猛发展，互联网、大数据、知识管理等正在不断改变企业的环境。信息系统的大量应用使许多企业在多年的工作实践中存储了丰富的数据、信息，与此同时，企业也越来越重视信息系统的建设，信息化已经成为现代管理的必备工具之一。

以互联网为龙头，全球共享数据和企业内部的商业化数据的资源全球化具有以下特点：

1. 公开性

互联网上的公共网页和全球共享数据几乎对所有组织和个人都是公开的。

2. 广泛性

正在迅速发展的互联网和其他全球性媒介已经初步消除了国界对信息的隔离。从互联网资源、博客和论坛、企业公开报表、社会各组织的公共数据库、各类媒体中，都能找到一系列涉及各个国家和各类企业的有关政治、经济、管理、生活以及安全等广泛的信息。

3. 海量性

互联网的信息数量大，有反映信息足够的深度的网页、博客等。网民的网页浏览、使用日志中记录了大量深层的行为特征；个人电话通信记录、信用卡消费记录、超市消费数据等都隐含着大量的深层信息。

4. 及时性

随着网络的普及和便捷，很多事件发生后往往在数分钟内就能在网上得到体现，且常常图文并茂。网络的传播速度快，信息引起关注后迅速通过BBS、电子邮件、聊天工具、博客、个人网站、快手等传播。

5. 不可控性

基于上网发布信息的匿名性、方便性、低成本性，网民几乎可以随时在网上发布各类信息。等发现不良信息要删除时，它已经扩散到很多网站，产生很多类似内容的信息。

6. 粗糙性

信息的粗糙性指虚假信息和真实信息同时并存，互联网数据和信息的良莠不齐已经得到公认。

组织在科研生产、业务活动及其管理中产生大量信息并创造、应用知识。信息中蕴含、承载知识，但信息不等同于知识。知识是指通过学习、实践或探索获得的认识、判断或技能（GB/T 23703. 1—2009）。知识可以是显性的，也可以是隐性的。显性知识是以文字、符号、图形等方式表达的知识，相对容易获取、交流和共享。隐性知识是未以文字、符号、图形等方式表达的、存在于人的大脑中的知识，需要通过人与人交流或将隐性知识显性化（人员贡献隐性知识并以文字、符号、图形等方式表达出来）才能实现交流与共享。知识可以是组织的，也可以是个人的。当今社会已进入知识经济时代，知识与创新越来越成为国家、组织及个人取得竞争优势的关键因素，发展的核心资源，能力的体现。知识管理对各类组织都越来越重要且势在必行。

近年来，随着管理体系建设推进、信息技术发展及应用，我国的各行各业的众多企事业单位（组织）实施了质量管理体系、职业健康安全管理体系、环境管理体系等，建立了标准化的管理体系，并在提供产品的生产经营中推动信息化和“互联网+”，提升科研生产与业务及其管理。有较少部分组织（企事业单位）已结合管理体系建设、提升和信息化进程开展知识管理，其中有的取得较好成效和成功经验，有的却未达到预期效果、收效甚微或使状况变得更糟。而大多数组织虽然没有明确提出并实施“知识管理”，但组织内部以归档文档为主要对象及载体的显性知识共享和各类讨论/论坛的隐性知识分享在分散、零碎、不具章法地进行。尽管现行 GB/T 19001—2016《质量管理体系　要求》明确了组织的知识资源的管理要求，但许多组织在实施这项要求时，主要还是停留在体系文件的文字表述的形式上、表面上（被动应对、应付要求），譬如将以往明确的各部门按业务职能分工负责所管辖业务职能范围的文件资料管理，改为回应知识管理要求的各部门按业务分工负责所管辖范围的知识管理，所谓的知识管理实质上还是文件资料（及信息）管理，内核没有多大改变，更甚者几乎仅换一个名称或外壳。有的较以往有改变的是在组织内部办公系统中建立一个文档知识库（内网上的平台），提供给组织内各部门人员，谁愿意上传诸如一些标准法规、内外部规章制度和培训学习资料就自由上传。虽提供了这些上传文件资料的分享、查阅利用渠道，但处于杂乱、无序、无策划、无管理状态，尚未真正有策划、有组织、有管理地开展组织的知识管理，更谈不上组织知识的系统管理。

多数组织科研生产、业务工作及其管理（包括组织安全生产与管理）中形成的显性知识散乱、存储分散、不系统、不完整，知识收集与获取被动，缺少知识鉴别，缺乏系统分类与编码等，搜索和查询困难，分享和使用不便。目前，多数组织主要通过纸质档案文档和使用信息化、计算机办公系统后的电子文档进行所需知识的查阅利用；而组织的各类专家及员工的隐性知识更缺乏挖掘、分享之策。知识管理的欠缺，使组织的知识和经验难以和不方便获取、共享、应用，造成组织知识资源损失、浪费，也不利于避免或减少低水平重复或重复犯错。

组织的标准化管理体系建设和信息化推进，为组织实施知识管理打下了基础、提供了支撑，也提出了知识管理的一些需求（逐步产生、增强知识管理的驱动力），知识管理成为组织管理体系进一步提升发展的重要资源和手段，成为组织信息化发展的更高阶段和目的。

知识管理为组织提供一种管理理念和方法，可帮助组织对其知识以及知识活动进行有效规划和管理，使组织能在恰当的时间、恰当的情况下，为恰当的人员提供恰当的知识，提升能力，保障和促进组织持续发展和持续成功。

三、知识管理的方法

（一）知识管理系列标准

2009 年以来，我国发布实施的知识管理方面的主要标准见表 6-2。我国先后发布了十种知识管理方面的国家标准，为组织结合自身实际实施组织的知识管理及组织的安全知识管理提供了理论和方法指导。

表 6-2　2009 年至 2020 年我国发布实施的知识管理标准

序号	标准号	标准名称	发布时间	实施时间
1	GB/T 23703. 1—2009	知识管理　第 1 部分：框架	2009-05-06	2009-11-01
2	GB/T 23703. 2—2010	知识管理　第 2 部分：术语	2011-01-14	2011-08-01
3	GB/T 23703. 3—2010	知识管理　第 3 部分：组织文化	2011-01-14	2011-08-01
4	GB/T 23703. 4—2010	知识管理　第 4 部分：知识活动	2011-01-14	2011-08-01
5	GB/T 23703. 5—2010	知识管理　第 5 部分：实施指南	2011-01-14	2011-08-01
6	GB/T 23703. 6—2010	知识管理　第 6 部分：评价	2011-01-14	2011-08-01
7	GB/T 23703. 7—2014	知识管理　第 7 部分：知识分类通用要求	2014-05-06	2014-11-01
8	GB/T 23703. 8—2014	知识管理　第 8 部分：知识管理系统功能构件	2014-09-03	2015-02-01

续表

序号	标准号	标准名称	发布时间	实施时间
9	GB/T 34061. 1—2017	知识管理体系　第 1 部分：指南	2017-07-31	2018-02-01
10	GB/T 34061. 2—2017	知识管理体系　第 2 部分：研究开发	2017-07-31	2018-02-01

（二）知识管理的术语和定义

1. 知识

知识是指通过学习、实践或探索所获得的认识、判断或技能。知识可以是显性的，也可以是隐性的；可以是组织的，也可以是个人的。知识可包括事实知识、原理知识、技能知识和人际知识。知识是经过“编辑”的信息，在具有意义的背景环境与分析处理后，能为组织带来真正的价值，它是隐含在专利技术、成功产品与有效策略之后的知识力量。而组织知识的集合（累积的经验、员工、管理技能、作业方式、科技应用、策略伙伴与供货商的关系、顾客及市场情报）就是它的智慧资本。

2. 知识管理

知识管理是对知识创造过程和知识的应用进行规划和管理的活动。

3. 显性知识

以文字、符号、图形等方式表达的知识。

4. 隐性知识

未以文字、符号、图形等方式表达的知识，存在于人的大脑中。

5. 事实知识

关于客观事实的知识。此类知识更接近于信息（或情报）。在一些复杂的领域，专家必须有大量的专业知识才能成功地完成他们的工作。法律和医生就属于这一类。

6. 原理知识

关于自然界（含人类社会）的原理和法则的科学知识。此类知识在大部分行业是通过技术研发、产品和过程的推进开展的。原理知识的生产和再生产通常由专业部门组织，比如科研实验室和大学。为了能获取这类知识，公司需要与这些机构进行合作，或通过招聘的方式。

7. 技能知识

关于做事的技艺或能力的知识。例如业务人员判断某新产品的市场前景，或人事主管录用或培训员工，都需要用到技能知识。同样，技术工人操作复杂的机器设备，也需要用到技能知识。技能知识通常是在单独的公司内部进行开发和维护。形成行业网（或产业链）的最重要原因之一就是公司需要共享和组合技能知识元素。

8. 人际知识

关于谁知道、谁知道如何去做某事的知识。人际知识包括特别社交网络的形成，从而可以高效地联系到相关专家并运用他们的知识。由于组织或专家中高度发达的劳动人事部门的作用，技能得以在经济社会中广泛地传播。在现代的组织和经理中，运用人机知识来应对变革尤为重要。与其他知识相比，对于组织来说，人际知识更是一种内部知识。

9. 缩略语

BPR：业务流程重组（business process reengineering）

CIO：首席信息官（chief information officer）

CKO：首席知识官（chief knowledge officer）

CLO：首席学习官（chief learning officer）

COP：实践社区（communities of practice）

CRM：客户关系管理（customer relation management）

DSS：决策支持系统（decision-making support system）

DW：数据仓库（data warehouse）

EIP：企业门户网站（enterprise information portal）

EVA：企业价值分析（enterprise value analysis）

HC：人员资本（human capital）

KA：知识资产（knowledge asset）

KB：知识库（knowledge base）

KIF：知识交换格式（knowledge interchange format）

KM：知识管理（knowledge management）

KQML：知识查询及操作语言（knowledge query and manipulation language）

PDC：掌握度（Proficiency）、扩散度（Diffusion）、编码度（Codification）

KSP：知识管理战略规划（Knowledge Strategy Planning）

RC：关系资产（relational capital）

SC：结构资产（structual capital）

SECI：社会化、外化、组合化、内化（socialization，externalization，combination，internalization）

SN：社交网络（social network）

TRIZ：萃思理论（Teoriya Resheniya Izobreate-telskikh Zadatch）

（三）知识管理的框架

1. 知识管理目标

GB/T 23703.1—2009 中明确，知识管理应把知识作为组织的战略资源，作为一种管理思想和方法体系，它以人为中心，以数据、信息为基础，以知识的创造、积累、共享及应用为目标。

（1）实现组织的可持续发展

将组织中的产品研发、销售网络、专利技术、业务流程、专业技能等知识，作为核心资产进行管理、开发和保护；建立相应的管理体系，通过组织文化、知识库、信息通信技术等形式固化到组织中去，有助于实现组织的可持续发展。

（2）提高员工素质及工作效率

通过组织知识的共享与重用，可以提高员工的知识水平和创新能力，提高工作效率、研发水平、操作技能及服务能力。通过建立保障知识共享、创新的制度和措施，有利于员工之间开展知识交流与共享，促进员工的个人发展，有利于提高员工的创新积极性，从而实现组织内和谐共处。

（3）增强用户满意度

通过为用户、社会提供更优质的产品、高效的服务，可以帮助提升组织的用户满意程度、社会公众满意程度。

(4) 提升组织的运作绩效

通过将组织的知识运用于业务运作的各个环节，提高业务管理水平、产品研发能力、生产经营水平、市场开拓能力、产品附加值，提升客户服务水平，建立竞争优势。

2. 知识管理的原则

针对所有相关方的需求，实施并保持持续改进其业绩的知识管理，可使组织获得成功。实施知识管理宜遵循以下原则：

(1) 领导作用

对领导者、管理者的培训和教育是取得知识管理成功的关键。领导者的支持和参与，是系统实施知识管理的前提和保障。

(2) 战略导向

不同组织由于其行业环境、组织特点、战略选择和知识特征的不同，会导致该组织在知识管理战略选择上方向和路径不同。因此，组织需要基于对自身经营战略、知识管理现状及需求的分析，将知识管理战略融入组织的业务战略之中，以支撑组织战略目标。

(3) 业务驱动

组织需要在不同的规划期内，以核心业务为向导，针对业务热点或主题来推进知识管理，实现组织结构、业务流程和知识流程的有效衔接和互动。

(4) 文化融合

知识管理涉及人员、文化、制度、行为模式等多方面的问题。实施时，应抛弃单纯从技术出发的观念，宜将知识管理思想、理念和方法与组织现有的文化和行为模式相融合。

(5) 技术保障

组织应采用适宜的技术设施来保障知识管理的实施，从而在从业务或文化角度推进知识管理时，使知识管理的成果固化和持久。

(6) 知识创新

组织应制定制度鼓励员工创新，将知识管理与创新的绩效挂钩，激发员工的创新自主性。鼓励员工勇于试错，并愿意承担员工创新的风险；在员工创新的过程中，阶段性的创新成果应通过知识管理加以固定、分享和保护。

（7）知识保护

在组织创造、积累、分享和应用知识的同时，应注重组织内部知识的安全保密，维护好组织知识，保护知识产权，避免因人员的流动、合作伙伴、供应商等因素导致知识流失与损失。

（8）持续改进

知识管理作为组织内一项日常管理工作，应定期检查评审，持续改进。

3. 知识管理概念模型和过程模型

（1）概念模型

知识管理应根据组织的核心业务，鉴别组织的知识资产，开展管理活动：鉴别知识、创造知识、获取知识、存储知识、共享知识和应用知识；建设组织内的知识管理基础设施，应从三个维度入手，即组织文化、技术设施、组织结构与制度，知识管理的概念模型如图 6-1 所示。

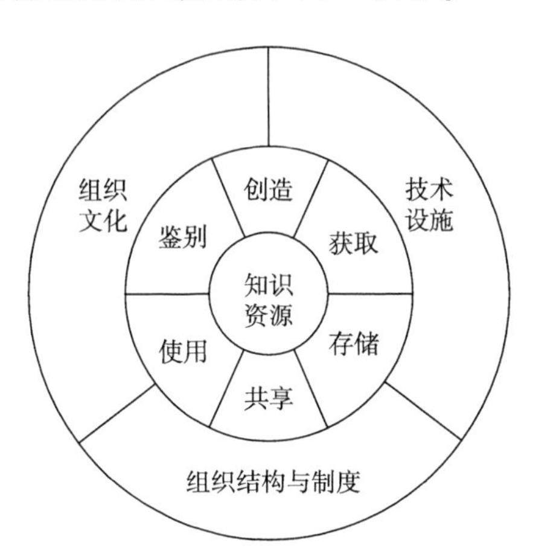

图 6-1　知识管理的概念模型

（2）过程模型

知识管理体系作为组织整体管理体系的一部分，与其他管理体系的过程保持一致，分为知识管理的策划、实施、评价、改进四个过程环节，知识管理的过程模型如图 6-2 所示。

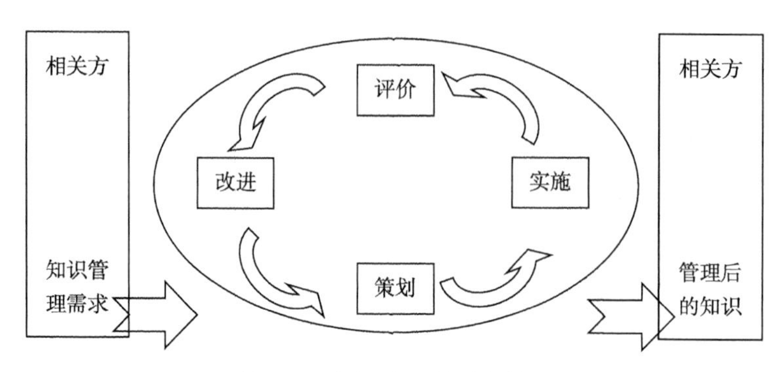

图 6-2 知识管理的过程模型

4. 知识资源

知识资源是组织知识管理的核心对象。对于组织来说，首先应依据组织业务战略及核心业务，鉴别组织内的知识资源，分析组织内现有的知识现状和未来对知识的需求。可以从知识类型、知识域、知识表达三个角度进行分析，知识资源晶体如图 6-3 所示。

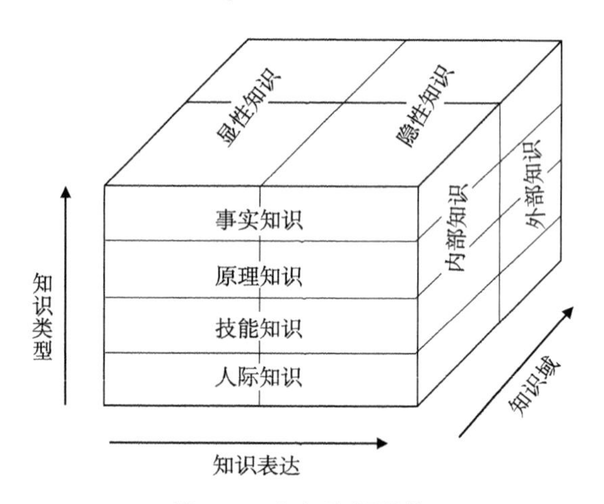

图 6-3 知识资源晶体

在组织内部，知识管理的目标是将隐性知识表达出来，存储在纸质或电子文件、数据库、电影胶片、磁带等上，建立组织内部的知识库，以利于组织知识的持续发展和知识共享及重用。

根据知识的来源，分为组织的内部知识和外部知识。内部知识指组织内支持业务运作所需的知识，包括产品内控标准、核心技术、生产流程、销售渠道网络、客户服务知识等。外部知识指与组织自身发展密切相关的外部组织或个人的知识，依据组织的性质可分为客户、供应商、合作伙伴、政府、媒体、权威机构、竞争对手、权威专家等知识。

5. 知识流程与活动

知识鉴别是知识管理活动中的关键性的工作。知识管理，首先应根据目标分析知识需求，包括现有知识的分析和未来知识的分析，以满足组织层次战略性的知识需求和个人层次日常对知识的需求。

知识创造是知识管理活动中的知识创新部分。对于组织来说，创新过程通常是在产品或服务方面的知识创造过程，通过研发部门的专家小组开展技术攻关。与此同时，创新需要通过全体员工积极参与，改善业务经营过程中的各个环节，创新过程不局限于研发部门。

知识获取，强调对存在于组织内部已有知识的整理积累或外部现有知识的获取。对于组织来说，应收集整理多方面的知识，并使沉淀下来的知识具有可重用价值。同时，还可以通过兼并、收购、购买等方式直接在某个领域突破知识的原始积累获取所需要的知识，或有针对性地引入相应人才。

在组织中建立知识库，将知识存储于组织内部。知识库中应包括显性知识和存储在人们头脑中的隐性知识。此外，知识也可以存储在组织的活动程序中。

知识在组织中转移、传递和交流的过程。通过知识共享将个人或部门的知识扩散到组织系统，知识共享可在组织内人员或部门之间通过查询、培训、研讨或其他方式实现。

知识在组织应用时才能增加价值。知识应用是实现上述知识活动价值的环节，决定了组织对知识的需求，是知识鉴别、创新、获取、存储和共享的参考点。

6. 知识管理的支持要素

（1）组织结构与制度

①知识管理活动是组织业务流程中的组成部分。知识管理活动应为增值

的、清晰的、可交流的、可理解的和可接受的。

②组织应制定出知识管理运作程序，设置与知识活动相关的工作角色和职责范围。组织知识管理的组织制度包括知识管理的组织结构、知识管理的流程及运行制度、知识管理考核激励制度。

（2）组织文化

①组织应为不同业务领域、不同知识的所有者之间提供沟通交流的环境和氛围。知识在很大程度上依赖于个体，在组织内形成一种具有激励、归属感、授权、信任和尊敬等机制的组织文化，才能使所有员工参与知识的创造、积累、共享及应用。

②组织应为包括决策人员、管理人员、操作人员等在内的全体员工创造良好的文化氛围，参与知识共享与创新。

③组织应在鼓励员工共享个人知识的同时，通过实践社区、共同兴趣小组、学术交流、研讨等各种形式促进员工在组织内获得个人发展。

（3）技术设施

①知识管理的实践需要技术基础设施的支持。现在的信息通信技术使得知识的获取、发布和查找越来越方便。技术设施应致力于支持知识活动的不同环节，此类技术包括数据挖掘与知识发现、语义网、知识组织系统等。

②技术设施应满足功能需求，并且是易于使用的、恰当的、标准化的，这样知识管理才得以真正地运作。

（四）知识管理与组织文化

1. 知识管理与组织文化

组织文化是组织成员在探索适应外部环境和整合内部资源的过程中形成的，是组织全体成员普遍接受的，包括价值观念、行为准则、团队意识、思维方式、工作作风、心理预期和团体归属感等。因一贯运行良好而被认为行之有效，并且被当作感知和思考的途径传递给组织新成员。

组织文化是知识管理成功的关键。知识管理的实施要根据具体的组织情境，采用不同的知识管理战略和工具去适应组织文化，进而在实践过程中渐进地营造基于知识的组织文化。在基于知识的组织文化中，强调通过学习来构建组织的持续竞争优势。与正式组织结构采用的行政命令方式相比，非正式组织结构更有助于知识在个体、团队和组织之间的传递与共享，更有助于创造新知识。

2. 基于知识的组织文化特征

（1）信任

员工、团队、组织之间的信任是知识交流与共享的前提。在基于知识的组织文化中，信任是知识传递得以高效进行的重要基础，特别是在隐性知识的扩散过程中。信任包括以人际关系为基础的信任、以能力为基础的信任以及以制度为基础的信任等。没有相互信任，个体之间以及个体与组织之间都难以真正地交流和共享。

（2）共享

合作共赢，共同分享。正是组织成员之间的知识共享，使组织能够将内部分散的知识契合在一起，形成合力。知识嵌入组织管理的各个层面，只有在知识共享的基础上，组织才能共享愿景、目标、价值观、经验、思想和洞察等。在知识型组织文化下，每个人都愿意和别人分享知识，组织充满活力与创造力。

（3）开放

开放的理念有利于组织知识的共享与积累。开放允许组织内的员工、团队访问所需的知识，并在正确的机制下，对知识进行相应的修订、补充、完善，以便于知识的更新和积累。

（4）容错

容许人们在创新过程中犯错误。知识创新的过程就是不断试错的过程，创新本身存在着风险，如果不能容忍错误，人们就会畏手缩脚，不敢冒险无法创新。不仅要容错，还要正视错误，更要从错误中反思，汲取经验。

四、安全知识管理要务

结合安全及其管理工作实际，将知识管理理论、原则、方法应用在组织知识管理及其安全知识管理的策划、规划和推进、实施中。

（一）安全知识（需求）的鉴别

在组织建立安全知识管理系统之前（或结合知识管理系统开展安全知识策划时）、获取安全知识之前，组织进行安全知识鉴别，分析安全知识需求，包括对已有知识的分析和尚缺乏知识的分析，明确安全知识管理的目的和所需的知识，进行安全知识管理策划和规划。在安全知识管理系统及安全管理实施中，需动态实施知识鉴别。

（二）安全知识管理的基础设施建设

组织文化、技术设施、组织结构和制度是组织知识管理的基础，也是组织安全知识管理的基础。一方面，需将安全知识管理纳入组织知识管理系统中统筹策划与设计、实施，实现组织结构、业务流程和知识流程的有效衔接与互动，从策划和设计源头，促使安全知识在业务流程、过程中同步（顺便或自动）获取、积累和存储，减少事后处理和不必要的重复工作，提高组织安全知识管理的效率和有效性，确保组织知识及安全知识管理能持续开展和良性循环；另一方面，根据组织安全工作特点与实际，开展有针对性的，特点、重点突出的安全文化建设，开展安全工作及其管理所需专用软硬件技术支持的策划、设计与应用，并作为组织知识管理体系组成部分，将安全知识管理责任和要求明确到相关的制度和流程中并付诸实施。将组织知识管理“大平台”“大环境”通用基础设施建设与安全知识管理所需的“专用”基础设施建设融合、衔接起来，建立安全知识管理系统，为安全知识管理的获取、存储、共享和利用提供必要的支持。

在组织系统管理、信息化和“互联网+”支持下，知识鉴别、创造、获取、存储、共享和应用等知识管理活动，不再是一个个孤立的活动和过程，一些知识活动、不需事后再加工（或自动可以提取的）知识，可以在业务活动（过程）中、组织管理系统及知识管理系统运行中集成实施；需要事后再加工形成的知识，按照知识管理系统设计和实施进行存储和提供共享利用。

（三）安全知识的创造

以组织文化及安全文化为重要支持，发动和激励组织的员工、团队（包括部门、小组等）在业务工作及其改进中，在安全风险分析与防控、隐患排查治理、问题与事故处理和安全技术与管理革新中，对获得的内外部信息和知识，通过萃思理论、创意管理、隐性知识和显性知识“社会化、外化、组合化、内化”等创造知识过程，完成安全生产和安全管理新理论、新模式、新方法、新产品、新服务、新流程、新技术等输出，创造安全知识（包括来源于内部和外部的知识）。

组织的员工、团队积极参与安全知识创造，不仅能拓展和提升员工个人、团队的知识和能力，也可为组织及组织安全管理创造和积累知识财富，支撑和提升组织的风险防控能力和核心竞争力。

（四）安全知识的获取

对组织内部已有的安全知识进行整理和/或外部已有知识进行获取。对隐性知识和显性知识进行学习、理解、认识、梳理、选择、整理、汇集、分类，以满足组织及其团队/部门和人员对知识的恰时、恰当需求。

GB/T 19001—2016 标准明确，组织知识是指组织特有的知识，通常从其经验中获得，是为实现的安全组织目标所使用和共享的信息。组织的知识可以基于：①内部来源（例如知识产权、从经验获得的知识、从失败和成功项目汲取的经验和教训、获取和分享未成文件的知识和经验，以及过程、产品和服务的改进结果）；②外部来源（例如标准；学术交流；专业会议、从顾客或外部供方收集的知识）。

组织安全知识的获取，也是分为内部来源和外部来源。内部来源是组织自身安全管理的规章制度、安全事故、事件的经验教训，以及日常安全隐患的防治、降低安全风险采取的控制手段和管理方案等。组织对其鉴别所需要的安全知识，应在日常安全管理中进行积累、收集管理。外部来源则是组织外部的相关内容，如上级主管机关的安全管理规章制度及标准、行业内安全事故、隐患的案例分享、安全执业人员的学术交流等。通过信息时代的互联网收集和获取外部安全知识是当今时代的便捷手段。

（五）安全知识的存储与共享利用

对安全知识进行有序组织，是安全知识存储的前提，也是安全知识得到较好共享利用的前提。从创造和获取的安全知识中，保留有价值的知识；对安全知识进行筛选、标识、索引、排序、关联、形式化、整合、分类和注释；将经过加工后的安全知识以适当的结构存储在合适的媒介或系统中，并设计和提供多元的检索工具，以方便检索；根据安全知识的特性，针对特定群体进行必要的推送；按照不同的安全知识特性，安排和实施安全知识的更新，做好组织安全知识（知识管理系统和知识信息）的维护，以维持安全知识（系统或库）信息的时效性和实效性。

安全知识管理系统（知识库）的建立需结合实际、循序渐进，不论是融入组织知识管理系统中策划、规划和实施，还是安全知识管理先行探索试点，都可以对组织安全知识管理需求和组织安全知识管理现状进行分析评估，在可行条件下，采取适宜的推进方式。收集整理安全内外部知识的目的是要利用这些知识。在建立完备的组织知识管理系统及安全知识管理系统的条件不具备、不成熟的情况下，可以结合组织现有安全知识及其存储、管理、利用形式等现状和急需、可以改善之处，开展一些安全知识的改进并进一步传导安全知识管理理念，用改进引导和培养重视安全知识创造、获取、分享利用的主动性和习惯。譬如，通过建立组织安全分析报告、策划控制文档系统管理，以提供方便的检索、学习、培训的途径和方法；知识管理系统包括内外部的相关安全事件（事故）、隐患和处理信息；内外部最佳实践经验；各级员工隐性知识显性化（合理化建议、安全改进）；知识贡献的奖励激励；知识查询渠道平台建设与运维；知识更新与针对性推送等。

建立内外部安全知识管理系统，离不开以下支持要素：

1. 组织结构与制度

知识管理活动是组织业务流程中的组成部分。知识管理活动应为增值的、清晰的、可交流的、可理解的和可接受的。

组织应制定出知识管理运作程序，设置与知识活动相关的工作角色和职责范围。知识管理的组织制度包括知识管理的组织结构、知识管理的流程及运行制度、知识管理考核激励制度。

2. 组织文化

组织应为不同业务领域、不同知识的所有者之间提供沟通交流的环境和氛围。知识在很大程度上依赖于个体，只有在组织内形成一种具有激励、归属感、授权、信任和尊敬等机制的组织文化，才能使所有员工做到知识的创造、积累、共享及应用。

组织应为包括决策人员、管理人员、操作人员等在内的全体员工创造良好的文化氛围，参与知识共享与创新。

组织应在鼓励员工共享个人知识的同时，通过实践社区、共同兴趣小组、学术交流、研讨等各种形式促进员工在组织内获得个人发展。

3. 技术设施

知识管理的实践需要技术基础设施的支持。现在的信息通信技术使知识的获取、发布和查找越来越方便。技术设施应致力于支持知识活动的不同环节，此类技术包括数据挖掘与知识发现、语义网、知识组织系统等。

技术设施应满足功能需求，并且是易于使用的、恰当的、标准化的，这样知识管理才得以真正地运作。

第七章

安全生产工作的创新升级

半个世纪以来，随着计算机技术全面融入社会生活，信息爆炸已经积累到了一个开始引发变革的程度，世界不仅充斥着比以往更多的信息，而且其增长速度也在加快。信息爆炸的学科如天文学和基因学，创造出来大数据这个概念，如今这个概念几乎应用到了所有人类智力与发展的领域中。21 世纪是数据信息大发展的时代，移动互联、社交网络、电子商务等极大拓展了互联网的边界和应用范围，各种数据正在迅速膨胀并变大。互联网（社交、搜索、电商）、移动互联网（微博）、物联网（传感器、智慧地球）、车联网、GPS、医学影像、安全监控、金融（银行、股市、保险）、电信（通话、短信）都在疯狂产生着数据，大数据时代已经到来。这些信息通信技术、数据技术发展为安全管理、科研生产风险管控提供了技术支持，安全管理需要创新、需要应用这些技术来提升安全管理的有效性和效率。

当前全球和我国大数据都呈现井喷式爆发性增长，大数据已经渗透到各个行业和业务职能领域，成为重要的生产因素，大数据的演进与生产力的提高有着直接的关系。其发展特点，一是数据量呈现指数级增长。二是不同行业的大数据内容和开发应用特点各有不同，如证券、投资服务以及银行等金融服务领域拥有最高的平均数字化数据存储量，通信和媒体公司、公共事业公司以及政府等组织也有规模显著的数字化数据存储，这些行业更加具有通过大数据来创造价值的潜力。三是可以预见到大数据高速增长的现有趋势将继续推动数据增长，例如在各部门和地区之间，企业正在加快收集数据的步伐，推动了传统的事务数据库的增长；医疗卫生等面向消费者的行业中，多媒体的广泛使用刺激了大数据的增长；社交媒体的广泛普及以及物联网的不断创新都进一步推动了大数据不断增长……这些相互交叉的动力刺激了数据的增长，并将继续推动数据池的迅速扩张。

例如医疗卫生行业，能够利用大数据避免过度治疗、减少错误治疗和重复治疗，从而降低系统成本、提高工作效率，改进和提升治疗质量；公共管理领域，能够利用大数据有效推动税收工作开展，提高教育部门和就业部门的服务效率；零售业领域，通过在供应链和业务方面使用大数据，能够改善和提高整个行业的效率；市场和营销领域，能够利用大数据帮助消费者在更合理的价格范围内找到更合适的产品以满足自身的需求，提高附加值。数据已经成为可以与物质资产和人力资产相提并论的重要的生产要素，伴随着信息化发展，企业将收集更多的信息，从而带来数据的指数级增长。大数据在同时为商业和消费者创造价值方面有巨大的发展潜力。

一、科技兴安到科技强安

2005 年 10 月，党的十六届五中全会提出了“要坚持节约发展、清洁发展、安全发展，实现可持续发展”的要求。这一要求构成了科学发展的基本内容，作为有机联系、相互作用的整体，展现在全社会的各个行业和领域，涉及安全生产的方方面面。科学技术是生产力的集中体现和主要标志，具有鲜明的战略性、前瞻性和引导性。在树立和落实科学发展观的过程中，必须把科学技术作为检验生产力发展水平的重要标志，始终坚持和依靠科技进步，推进经济和社会全面发展。加强安全科技工作是落实科学发展观的主要内容之一。

“科技兴安”源于科教兴国的思想，在《国务院关于进一步加强安全生产工作的决定》（国发〔2004〕2 号）中首次提出。科学技术是第一生产力，也是安全生产的重要基础和保障。安全科技是宏观意义上科学技术的重要组成部分，体现在安全生产的各行业和领域，代表安全生产的发展水平，反映了安全生产工作的发展方向和内在要求。坚持科技兴安战略，重视和加强安全科技工作，加快科技成果的创新和推广应用，对促进安全生产、推动安全发展和可持续发展，意义重大。科技兴安战略贯穿了我国“十一五”和“十二五”两个阶段，并在十年间由“科技兴安”转化为“科技强安”。

随着科技兴安战略思想的推进，我国的安全管理逐步走向正轨，在工业生产中安全事故得到了有效遏制。但是在煤矿、金属非金属矿山、危险化学品和烟花爆竹等重点行业领域，部分企业还存在关键环节、重点部位用人多，机械化、自动化程度低，群死群伤事故风险大的安全生产形势。为推动更多企业安全生产实现“零死亡”目标，从根本上有效防范和遏制重特大事故发生，2015 年国家安全监管总局决定在煤矿、金属非金属矿山、危险化学品和烟花爆竹等重点行业领域开展“机械化换人、自动化减人”科技强安专项行动，重点是以机械化生产替换人工作业、以自动化控制减少人为操作，大力提高企业安全生产科技保障能力。目标就是通过“机械化换人、自动化减人”示范企业（矿井）建设，建立较为完善的“机械化换人、自动化减人”标准体系，推动煤矿、金属非金属矿山、危险化学品和烟花爆竹等重点行业领域机械化、自动化程度大幅提升，到 2018 年 6 月底，实现高危作业场所作业人员减少 30% 以上，大幅提高企业安全生产水平。

二、科研生产安全信息化

信息数据包含了事物的特性基因、运作的规律、发展的趋势。信息是宝贵的资源。信息通信技术在我国和大多数的生产经营单位的安全工作中尚未得到应有的重视和应用。在信息通信高度发达、网络技术迅猛发展的现今，进行安全相关信息数据、大数据的获取、收集、分析，可提升安全风险的预测预防能力。

（一）智能安全环境监测

煤炭生产行业的主运输设施采取智能管控系统。通过采用智能感知、故障诊断、自动控制、信息通信技术，应用输送机智能保护系统、输送机智能调速系统、运输系统智能集控系统，代替固定人员值守，实现主运输系统的智能监测监控和减少人员巡检。

井下大型固定设备无人值守系统。通过采用智能监测、自动控制技术和远程监控信息平台，应用智能识别煤矿电网管理系统、多水平阶梯式联合排水智能监控系统、中央集控平台等为一体的矿井智能无人值守系统，代替人工井下现场值守，实现中央变电所、水泵房、风机房等场所的无人值守，减少原有值守系统工作人员数量。

煤矿安全物联网。通过采用多信息融合、海量数据挖掘、嵌入式实时分析、故障诊断、信息共享等技术，应用新型传感器、煤矿大型机电设备状态监测与故障智能诊断系统、矿山物资智能储运管控系统等，代替传感器定期调校、设备定期检修、物资人工管理，实现设备、物资、环境等智能监测与管理。

（二）智能安全控制

在危化品生产行业，对重大危险源安全管理自动化。通过采用远程监控、遥控应急处置技术，应用可监测温度、压力、液位、流量、组份等参数的实时监测预警系统和可燃、有毒、有害气体泄漏检测报警装置，实现危险化学品重大危险源的安全管理自动化，减少现场巡检人员及应急处置人员。

通过采用机械化生产和自动化控制技术，研究开发危化品（如烟花爆竹）生产机械设备和自控联锁装置，对引火线、爆竹的混（装）药、组合烟花的装药和组装、喷花的压（筑）药等涉药工序进行机械化、自动化改造，用机械设备代替手工操作，实现人机隔离操作，安全联锁控制，提高劳动生产效率，减少现场作业人员。

（三）智慧安全管理

据统计，截至2015年底，全国危险化学品生产、储存企业共有危险化学品重大危险源（以下简称“重大危险源”）1.2万余个，数量多、分布广、潜在安全风险大。近年来，国家安全监管总局研究制定了《危险化学品重大危险源监督管理暂行规定》（国家安全监管总局令第40号公布，第79号令修正）、《危险化学品重大危险源辨识》等一系列规章标准，不断强化重大危险源安全管理，重大危险源自动化设施、监测监控设施装备、日常安全管理等方面均取得了较大进步，并且部分地区企业建立了重大危险源监控系统中心。但综合分析，我国重大危险源安全方面仍存在自动化及监测监控设施不完善、监控预警信息化水平低、政府安全监督管理困难、事故状态下无法及时获取有关信息等问题，特别是重大危险源监控信息化整体水平比较低，监控基础设施缺乏、政府和企业的信息网络不畅通、事故预警能力不足等情况日益突出，亟须建立国家—省—市—县—企业五级重大危险源在线监控及事故预警系统。

为贯彻落实《国务院安委会办公室关于印发标本兼治遏制重特大事故工作指南的通知》（安委办〔2016〕3号）要求，进一步强化重大危险源安全管控，有效防范较大事故，坚决遏制重特大事故，根据《遏制危险化学品和烟花爆竹重特大事故工作意见》（安监总管三〔2016〕62号）安排，国家安全监管总局决定在全国范围内实施重大危险源在线监控预警（以下简称“在线监控预警”）工程。

通过全国重大危险源在线监控及事故预警系统示范工程工作，力争实现：定位准确、分级管理的“国家—省—市—县—企业”五级重大危险源在线监控及事故预警体制机制；并在国家安全监管总局建立功能统一、标准一致的全国重大危险源在线监控及事故预警软件系统；建立层次分明、责任清晰的重大危险源在线监控及事故预警技术体系，通过数据采集系统实现企业重大危险源关键设施设备安全参数、视频信号、报警信息的数据采集和传输；区县（园区）实现属地重大危险源视频和各类参数报警信息集中监控管理和预警；市、省、国家可实现重大危险各类预警信息统计分析和管理，在需要情况下通过权限认证可以随时访问重大危险源现场实时信息；最终实现形成全国重大危险源在线监控及事故预警分布一张图。

1. 系统逻辑架构

通过数据采集系统将企业重大危险源在线监控预警数据采集到各级监控中心，各级监控中心将采集的数据进行加工处理，建成面向分析主题的数据仓库，最后通过数据应用系统进行数据展示。数据应用包括重大危险源分析、重大危险源报警分析、安全监控、重大危险源备案、安全管理、系统管理七大部分。

2. 区县（园区）在线监控预警系统

区县（园区）在线监控预警系统包括安全监控子系统、预警子系统、安全管理子系统。

3. 企业在线监控预警系统

企业监控预警系统包括安全监控子系统、预警子系统、安全管理子系统和数据采集子系统。企业可自主开发在线监控预警系统，但应与区县（园区）监控预警系统互联互通；企业可利用园区的安全监控子系统、安全预警子系统和安全管理子系统，实现本企业的安全管理。

4. 数据交换系统

根据本系统的数据交换架构设计，数据交换系统包括本地数据集成和数据传输两个组成部分。

参考文献

[1] 钱学森. 论系统工程 [M]. 长沙：科学技术出版社，1982.

[2] 刘建明. 宣传舆论学大辞典 [M]. 北京：经济日报出版社，1993.

[3] 石磊，崔晓天，王忠. 哲学新概念词典 [M]. 哈尔滨：黑龙江人民出版社，1988.

[4] 成春节，谭钦文，章少康，等. 中小型企业员工不安全行为管理模式构建研究 [J]. 安全，2019 (7)：67-71.

[5] 田水承，景国勋. 安全管理学 [M]. 北京：机械工业出版社，2016.

[6] http://www.safehoo.com/Civil/Theory/201508/404913.shtml.

[7] 张力. 核安全文化的发展与应用 [J]. 核动力工程，1995，16 (5)：443-446.

[8] 国家核安全局　国家能源局　国家国防科技工业局《核安全文化政策声明》(国核安发〔2014〕286号)。

[9] 侯建国. 浅议"企业安全生产标准化基本规范"与GB/T 28001的关系 [J]. 中国认证认可，2010 (10)：25-27.

[10] 王燕林，侯建国. 深化安全责任制建设，增强安全风险防控能力 [J]. 安全，2014 (3)：39-41.

[11] 侯建国. 领导的安全意识决定组织的安全行为 [J]. 安全，2017 (2)：56-58.

[12] 侯建国. 找准安全部门定位，发挥相应管理价值 [J]. 安全，2018 (9)：57-59.

[13] 侯建国. 对做好ISO 45001标准转换的认识和理解 [J]. 中国认证认可，2019 (5)：21-25.